自然感悟
Nature series

商务印书馆
创于1897 The Commercial Press
2018年·北京

图书在版编目(CIP)数据

家园:生态多样性的中国/刘娜等著.—北京:商务印书馆,2018

ISBN 978-7-100-16140-4

Ⅰ.①家… Ⅱ.①刘… Ⅲ.①生物多样性—中国 Ⅳ.①Q16

中国版本图书馆CIP数据核字(2018)第096304号

家园:生态多样性的中国

刘娜 等著

商务印书馆出版

(北京王府井大街36号 邮政编码100710)

商务印书馆发行

北京新华印刷有限公司印刷

ISBN 978-7-100-16140-4

2018年6月第1版 开本880×1230 1/32

2018年6月北京第1次印刷 印张7½

定价:45.00元

序言一

以情理动人，共赏作为共同体的美好家园

《家园——生态多样性的中国》系列电视纪录片和对应的图书，通过精彩影像和优美文字展示了中国极具特色的生物多样性及其在工业化进程中面临的挑战。这样的好作品应当多推出一些，有关部门应当给予更大的支持。绿水青山具有长远价值并具有自身的内在价值，在我们这样一个高度功利化、行为短期化、人类中心论的时代，是不容易被认识到的。如果以为这是自明的并且很容易做到，就大错特错了，“两山论”（特指“我们既要绿水青山，也要金山银山。宁要绿水青山，不要金山银山，而且绿水青山就是金山银山”）也就只能是到处张贴的标语。

共同体理念与情感认同

此纪录片地理“样本”只选取了海洋、森林、草原、湿地和城市这五个影响力较大的代表性单元，除此之外当然还可以选择苔原、雪山、沙漠、河流等，再细一些还可以包括潟湖、火山、冰碛湖等。不过，通过目前的五个样本，已能足够说明问题：人生在世，包括个体的人和群体的人类，都不是孤立着自己飘浮于世，大自然的正常存在和演化是我们过上舒服日子的前提。

上溯一代至几代，下延一代至几代，人都有依托，“寄生”于或共生于某个更大的环境之中。用共生、共同体（community）这样的概念能更好地指称地球“盖娅”（Gaia）这样一个活物，更好地阐明一条干净的河流对于沿岸居民日常生活的重要性，更好地体察生物多样性是人类社会健康发展的基底保障。人与自然，生物圈与非生命物质是“分形”地交织在一起的。分形（fractal）是复杂性科学中的一个基本概念，指你中有我我中有你，系统具有多层自相似结构。比如，人体中就有大量分形结构，大自然也并非只是作为边界清晰的对象外在于人类个体的肉体，我们躯体内就有大自然的组分（气体、菌类、水等）。另一方面，躯体之外有没有“我”和“人类”？人的精神是否驻留整个世界？这是需要想象力和洞察力才能回答的深刻问题。我的回答是：当然有。相互依存和复杂交织是盖娅

共同体中各个“成员”间的基本特征。“我”“我们”不限于原来狭义的我和我们，当其囊括了整体大自然，自身才完整。海洋、森林、草原、湿地和城市这五个地理区隔的单元，实际上也并非真的隔离开来，它们同在“一个屋檐”下，互相包含！城市是重中之重，城市出点事，就是大事，而其他四个单元出点事好像就不算什么，其实不是这样，因为它们彼此关联着。城市的维系需要海洋，比如北京的市场需要海鲜，自己又不产，只能靠外部供应，如果北京人吃不上干净、便宜的海鲜，北京算不上好城市。但北京人可曾关心过遥远的海洋渔场？同样，北京使用的大量木材不可能只产自北京，它们来自他省甚至他国的森林！

坦率地说，上述共同体概念没有任何难理解之处，平心而论它是一种常识，难道人和人类能够脱离母体、抛开背景而生存？难道“我”的想法和排放不作用于外界？如果“我”只指称躯体内的自我，“我”的世界是否太小了？但是这个常识的获得却相当不容易，是用高昂代价换来的。虽然如今换来了这样一种理论共识、书面共识，但仍然有许多人不认账，在实际操作中依然按老一套，该怎么做还怎么做，甚至还可能变本加厉。这里涉及两个环节：一是知识，二是行动。两个环节有联系，但并无必然联系。知识并不能完全决定行动，就像许多人都知道不应当偷盗而在行动上照样进行一般。“理儿是那个理儿，但俺偏不那么做”或者有选择地做，这类现象司空见惯。知识对于行动自然有影响，但远远不充分，此时，“情感”将扮演重要角色，在相当程度上情感会导致人们对某种观念的真正认同。《家园——生态多样性的中国》既讲知识，也洋溢着情感，有情有理，合情合理，便在情理之中。

怎样培育情感？这可比单纯传授知识难得多，现代正规教育通常过分重视知识传授和知识探究而严重忽视对他人情感、对大自然情感的培养。但也不是没有办法，情感教育的重要方法之一便是移情，将心比心、换位思考，由此容易生发同情、慈悲、恻隐之心。动物、植物、菌类也是生命，是和我们类似甚至一样的生命种类（species like us），对它们必须尊重，不能过度使用。再外推一下，岩石、土壤、大气、河流也是必须尊重的。人可以把其他物种、非生命体当作资源、物品（commodity）适当利用，但是它们就如他人一样不仅仅是资源，不可以仅仅当作资源来利用，因为大家真的都作为成员而同属于一个更大的共同体，过度利用他者最终也必然伤及自己。那么除了资源之外，他人、它们还能是什么？这就与良好的教化和人生的自我超越有关了。

教化与超越

良好的教育将有助于克服狭隘，与他者（包括人也包括大自然）和谐相处。良好教育不意味着知识多、有进取心、更能折腾他人和这个地球。利奥波德在《环河》中说道：“不能享受闲暇时光的人，即使满腹经纶，也是无知的；而能够享受闲暇时光的人，即使从未进过学校，在某种意义上，也是教育良好的。”这仿佛是在暗示，动作慢、懒散、创造不足反而也可能是优点？部分是这样！现代社会的价值观鼓励创新、投资、开发，遴选出的英雄人物恺撒、成吉思汗、拿破仑、巴菲特、盖茨、乔布斯、埃隆·马斯克都是这一类，其实老子、庄子、圣雄甘地、纳尔逊·曼德拉、梭罗、缪尔、史怀哲、卡森、E.O. 威尔逊才是真正的英雄。道理很简单，这些人的思想和行动有利于和平及共同体的可持续生存。我们的教育可曾让人们更多地了解并学习后者？

现在的地球面临的最大问题是：人这个物种独自发展得太快，而且还在加速，超出了自然演化所允许的速度，导致人与大自然矛盾加剧，人自身感觉不自在，大自然更是不堪重负。恩格斯在《自然辩证法》中讲过“大自然的报复”，频发的自然灾害便是明证。实际上没有什么“自然的灾害”。灾害都与人有关，相当多是人自找的、故意造成的。火山自己喷发，海啸自己震荡，泥石流自己流淌，那都不叫灾害。只有当人不自量力，得寸进尺，受到损伤，或者以人力引发自然突变（如滥砍滥伐、修建过多的水坝），那才构成灾害。怎么做，才能让阿玛斯炯（茅盾文学奖作家阿来作品中的一个人物）的蘑菇圈还在？今年在，明年在，数代以后还在？生物多样性与稳定性紧密相关，是“一个事实的两个名字”，没有足够的稳定性，多样性根本无法保障。问题是，现在许多人意识到了前者，却忽视了后者。怎么维护稳定性？道理也很清楚：减速。问题是谁肯慢下来？美国，日本，中国？你，我，他？不过，我深信，这种事情可以协商。现在没协商不等于将来不协商。不肯减速又不协商，就只有等待系统崩溃。系统崩溃后会怎样，大自然还是大自然，只是有些变化罢了，但人类自己毁灭了自己。

懂得超越，便能打开自我（ego）的薄膜束缚，将自身融汇于更大的汤池、海洋。

见到美女，就幻想着纳入后宫，无非是把漂亮女人视为属于自己的潜在资源。见到珍稀鸟兽草木虫鱼，就想着自己也能拥有，不能说违背常理，但它依然是陈旧的“视他者为资源”的想法。从生存斗争的角度看，资源论有其合理性，但是还很不够，或者不够精明、智慧。人作为人，除了资源的考虑外，还有更远大更宏观的考虑。即使就资源论资源，也有短期资源和长期资源之分，而眼下人们只看到了当下可为资源的资源。超出资源，还有审美和伦理的维度、层面。我们可以用自然美的眼光、合乎生态伦理的角度，审视他者。审美和伦理自然有功利基础或者资源基础，但是决不完全还原为它们。

公民教育中应当纳入足够多的环境美学和生态伦理内容。

美育和德育，在现代竞争性社会中，曾被认为是无用的，是无力的弱者的呼唤。其实不然。美育和德育利他也利己，势利者永远认识不到这一点。当然，要扭转大局还需要艰苦努力和时日。现代教育的目标和导向必须改变，要从过分在乎“有用性”向适度在乎有用性转变。世界上存在大量“无用而美好”（诺贝尔奖得主梅特林克语）的东西，人生当中更有大量无用而美好的东西。人除了“主打”（这个词已经涂上了现代竞争模型的色彩）的本职工作，也应当有自己的一种或几种业余爱好。所谓本职工作或正当职业，相当程度上也不是个体自由选择的，而是权力和资本塑造的、规定好的，个体不过在其中“认领”某一项加以操练。

培养一种爱好

了解、学习欣赏大自然，就是一种优良的爱好。在大自然中学习，是植物、动物的天性，徐志摩和梭罗都强调了大自然的教育意义。前者说，平生最纯粹最可贵的教育得之于自然界，后者说荒野胜过若干所哈佛大学。利奥波德讲过：“一个令人愉悦的爱好，必须在很大程度上是无用的、低效的、耗时费力的，或者与实际无关的。”他在此谈到爱好与主业的区别，故意强调了爱好的无用性。“若去追究爱好为何有用或者有益，会立即将它转变为产业——马上将其降格为为了健康、权力或者利益而进行的不体面的‘练习’。举哑铃就不是一种爱好，它是一种奉承，而非自由的宣告。”利奥波德把爱好上升为人之自由的层面，可见爱好地位之重要。

爱好的导向很重要，弄不好就成了不良嗜好。媒体在现代社会中扮演重要角色，媒体的舆论导向对公众的影响力十分巨大。有的电视台反复播放离奇的探宝、车手串、挖神草节目，某种程度上就助长了盗挖古墓和非法文物交易、怂恿了不法之徒带着炸药到北京山上点炸药取崖柏（其实炸的是侧柏）的根、鼓励了猎奇者见到珍稀植物就非采不可。这类不道德及违法行为，必须首先防范。但对于媒体来说，这是较低的要求，或者说是底线。突破了这个底线，就谈不上用什么思想引导人，而成误导人了。不过，事情常常是不自觉做出来的，通常有关人员也并非有意要做坏事，其动机反而光明正大，比如给人们平凡的生活增加一点情趣，让人们热爱大自然，甚至还包括保护生态之类。也就是说，由保护生态的动机出发，在弄不好的情况下，也照样导致破坏生态的实际后果。这类事情并不罕见，各地纷纷建起的这个园那个园，名义上都是在保护自然、保护生态，实际上移栽了大量野生树木、占用了大量土地，造园的过程中还导致许多树木因无法适应而死亡。以绿化和经济建设为名，引进了许多暂时看来非常优秀、非常安全的物种，而实际上它们均未经过充分检验，等若干年过去，出事了，为时已晚，而且很难追究责任。

一些发达国家在自然类节目上投入巨大，主办团队专业、敬业。投入多和专业两项不用说，十分重要。我特别想提一下敬业一项。工作人员是否敬业当然也与收入和受教育程度有关，但是主要还是个人修养问题。做什么事都要敬业。研发卫星、教书、修鞋、炒菜、养孩子需要敬业，做环境科普、自然解说、生态保护也需要敬业。从业者要打心眼里热爱自己的职业，喜欢花鸟草木鱼虫。敬业，才有可能自愿学习、钻研，恶补必要的知识，在宣讲的过程中融入真情实感，不以无知为荣。说句不中听的话，目前某些自然类节目，让人觉得滥情以及“以无知为荣”。无知未必可耻，但不宜为此自豪。

我喜欢艾登堡老先生、E.O. 威尔逊老先生，希望中国也能出现若干名这样的自然代言人。

刘华杰

北京大学哲学系教授，博物学文化倡导者

2018 年 2 月 1 日于北京西三旗

序言二

诗意家园

“几处早莺争暖树，谁家新燕啄春泥。”生活如同诗，诗如同画。这样的古诗代代流传了千年。

在中国历史文化长河中，处处体现着对自然万物的歌咏和赞美。从诗词歌赋到山水丹青，从中国哲学到中国美学，对自然环境的热爱，深深地影响了中国文化，让文化体现出独特的风骨。从西部大漠到东部海洋，从北部莽原到南部江湖，古往今来，多少人徜徉在山水之间，感受天人合一的境界，相信万事万物的联系。

有人认为，这样的生活态度和价值观，也一度影响了中国近现代的发展方向。我们发明了火药，用来制造绚烂的烟花，而不是洋枪洋炮；我们发明了造纸术，用来描绘千里江山，而不是演算推理。在文人士大夫心中，居有竹，比食有肉更重要。

当西方轰轰烈烈地拉开工业革命，科学技术开始大踏步前进时，我们在工业文明方面远远落在了后面。以至于有了著名的李约瑟之问：“尽管中国古代对人类科技发展做出了很多重要贡献，但为什么科学和工业革命没有在近代的中国发生？”所以，我们一度饱受物质匮乏、科技落后之痛。当我们经历了外来入侵的战争之乱，经历了饿殍遍野的饥馑岁月，才认识到发展才是硬道理，生存权和发展权才是首要人权。当吃穿住行等基本生理需求尚得不到满足的时候，更高层次的心理需求只是空中楼阁。

为了解决十三亿人的温饱问题，我们创造了人类历史上的发展奇迹，从一个积贫积弱的国家成为世界第二大经济体。在这个发展历程中，有不少历史的教训，也付出了环境的代价。无论英国还是美国等发达国家，在早期工业发展阶段，都经历了自然环境先恶化再治理的过程。只不过对于中国来说，发展速度较快，发展时间较短，环境治理的任务也更为艰巨。

在只争朝夕的奋斗中，我们渐渐被太多的物质羁绊了行走的脚步，渐渐因太多的欲望而失去了对自然的敬畏。当森林、河流、野生动物都逐渐离我们远去，当雾霾不断吞噬着蓝天白云，当我们解决了温饱问题却面临着健康的威胁时，对于环境的忧思逐渐加重了。富裕起来的人们，比以前更有闲暇乐山乐水，更有能力关注同一个地球上的动物朋友。

在今天，在当下，再回望我们的国土，我们生活的家园，虽然现代化的进程对其造成了一定的影响甚至破坏，但是依旧壮美多彩。辽阔的疆域横跨寒温带、中温带、暖温带、亚热带、热带，有高山大河，有森林大海，有复杂多变的地形地貌，有丰富多样的动植物。草原上飞翔着蓑羽鹤，大海里生长着珊瑚，长江里游弋着江豚，森林里跳跃着黑叶猴，城市里比邻而居着松鼠。

本书源自同名纪录片《家园——生态多样性的中国》。跟随我们的镜头，观众可以领略中国的草原、城市、海洋、森林和湿地五大生态系统的独特魅力，还可以了解与我们生活在同一片土地上的动物的故事。我们从小就知道，中国幅员辽阔、地大物博，却很少有人可以走遍大江南北。而纪录片的魅力就在于此，可以让观众透过镜头仰望天空、俯探海洋，纵横千里。

拍摄纪录片的人要耐得住寂寞，抵得住诱惑，用好奇心、创造力和时间慢慢淬炼出精品。拍摄野生动物题材的纪录片更是难上加难。也许数月的蹲守都等不来主角登场，也许跋涉千里却与精彩的故事失之交臂，更不用说野外拍摄的条件之艰苦，甚至充满了危险。

提起自然环境或者野生动物题材的纪录片，人们总会想起那些大制作的“蓝筹”纪录片。这些“蓝筹”纪录片，往往需要一个庞大的研究团队和制作团队，同时需要长达数年的时间和高额的资金投入。因而，这样的片子总是凤毛麟角。

但是，好的纪录片还有一剂最关键的配方，那就是温度。为了拍摄这部纪录片，本书的作者也是本片的总导演刘娜，带领团队深入各种艰苦的地区去拍摄。幸运的是她还遇到了一群志同道合的人，一群对野生动物、自然环境有着发自内心热爱的人。勤能补拙，这份诚恳和努力为影片带来了独特的光彩，注入了人文关怀的温度。影片用敬畏的眼光礼赞自然，用平等的视角亲近生物，同时还记录了为保护自然环境而努力的人们。

几年前与一位法国制作人探讨环境题材的纪录片，他说：“相比批判和指责，我更希望聚焦那些努力和进步，我想让我们的下一代对未来充满光明的向往。”

希望我们的书和纪录片，如同一束光，帮助大家更好地去认识我们的家园，我们的中国。坐在家中，也可以拥有诗与远方。

王媛媛

五洲传播中心影视制作中心主任

目录 | Contents

序言一 1

序言二 6

第一部分　聆听生态故事

草原 12

城市 38

海洋 66

森林 100

湿地 126

第二部分　遗珠之憾

太行之王 158

黑鹳 174

北京天坛的长耳鸮 183

第三部分　编导感悟

天涯碧草 195

荒野都市 202

走向海洋 209

森林奇遇 215

地球之肾 229

后记 236

第一部分　聆听生态故事

草
GRASSLANDS
原

草原

草原，地球陆地上第二大的生态系统，它是阻止沙漠蔓延的天然屏障，也是人类游牧生活的发源地。中国的草原，是欧亚大草原的重要组成部分。这个脆弱但是宝贵的生态系统，是生活在这里的所有“居民”必须珍惜的最后的家园。

（一）

在世界屋脊青藏高原上，有一片由高山高寒草地构成的草原，那里气候寒冷，平均海拔 4000 米以上，一年中有将近一百天的大风天。生活在这里的“居民”，无论是牧民们的家畜，还是青藏高原特有物种，它们都拥有在这个高寒地带生存

位于世界屋脊的高山高寒草地

的本领和智慧。

动物们一般都选择在温暖的季节繁育下一代，但高原的居民有着抗寒的基因。4 月的青藏高原还很寒冷，小藏狐已经出生了。藏狐妈妈正忙着寻找猎物。春天还没有真正到来，大部分旱獭还没有结束冬眠。高原兔喜欢在晚上活动，白天不容易发现它们的影子。在这个季节猎捕岩羊这类大型食草动物，投入产出比太低，也不是最佳的选择。对于典型的机会主义者藏狐来说，数量众多的鼠兔才是高山草原上最值得下手的猎物。

小藏狐已经出生了，藏狐妈妈在外忙着寻找猎物

一块牦牛粪吸引了小藏狐的注意力

从洞中探出身体的鼠兔正在观察周围的情况

一个难得的大晴天，鼠兔来到了洞口，想要出门晒晒太阳。世界上有 30 种鼠兔，其中有 28 种生活在欧亚大陆，有 24 种生活在中国，而且有 12 种为中国特有种。这是一只高原鼠兔，作为高山草原食物链底端的物种，它必须非常小心。鼻子是它判断周围是否安全的探测器，因为周围如果有天敌，比如藏狐，草原上常年不停的大风会把它们的气味带过来。鼠兔喜欢找一个小土堆，在一侧挖个洞口。大概是觉得，当它在洞口观望时，至少背后是安全的吧。

但是危险常常来自于自认为安全的地方。这是一场耐心的比拼，只要鼠兔没有远离洞口，藏狐就毫无机会。对耐心的培养，也许是小藏狐出生后的第一堂必修课。刚出生几周的小藏狐还不能离开洞穴，所以它们除了在洞里，就是在洞口待着。好奇心让这只小藏狐走出了洞口，吸引它注意力的竟然是一块牦牛粪。小藏狐玩得不亦乐乎，童年的玩具从来都不需要多华丽，快乐总是来得如此简单。但一定要注意，安全第一。一只牦牛冲着小藏狐走了过来。牦牛是世界上生活在

大鵟在天空盘旋以便寻觅地面上的鼠兔

鼠兔需要投入至少六成以上的地表活动时间进行取食活动

海拔最高处的哺乳动物之一。青藏高原也是牦牛的发源地。牦牛显然只是恰好路过，藏狐不是它的目标。虽然只是虚惊一场，小藏狐并没有遭到攻击，但是这让它长了记性，一定要听妈妈的话，乖乖在家待着，现在还不是自己可以独闯世界的时候。

相比小藏狐，鼠兔如果远离藏身的洞穴，就是将自己主动献给天敌。山崖上，大鵟正在孵蛋，每次外出都需要充分补充体力；藏狐需要大量捕食，喂养它的幼崽；夜行性的高原兔狲因为食物缺乏，开始在白天出来觅食：它们的目标都是鼠兔。

鼠兔需要投入至少六成以上的地表活动时间进行取食活动。它们每天能吃掉相当于自己一半体重的植物。高原鼠兔体重可达 178 克，每天平均食量约 77 克。它们通常采用直立吃食的方式以便随时逃跑，同时选择在视野开阔的草场筑穴，这样有利于观察敌情。进食时它们以核心洞穴为圆心，活动半径约 20 米。通常核心洞穴有 3 ～ 5 个洞口，此外，还有一些临时洞穴，一旦发现危险，鼠兔可以随时进洞躲藏。遇到危险时，它们会通过声音发出警报，通知家庭成员。

大鵟是高山草原最常见的大型猛禽，它喜欢站在高处，等待某只疏忽大意的鼠兔，有时它们也喜欢在空中盘旋。演化中得来的生存策略教会鼠兔多挖几个洞口以便随时逃命。大鵟深知鼠兔的这个习性，通过锐利的眼睛观察和寻觅，一旦锁定猎物，便会突然快速俯冲，用利爪抓捕，而且很少失手。

兔狲是草原上的伏击者，它们一般在黄昏的时候才开始捕食，但是在食物匮乏时，白天也会出来捕猎；它是猫科动物中的小短腿，这样可以降低重心，更容易隐藏；它的奔跑速度可能还不及人类，但靠着好眼神和灵敏的出击，也成了出色的猎手。一击即中——兔狲抓获了一只鼠兔，它开始享用美食。警报暂时解除了。

白腰雪雀是中国特有鸟类，也是鼠兔的情报员。白腰雪雀利用鼠兔的弃洞营巢和休息，也为鼠兔报警，所以白腰雪雀和鼠兔是一对好邻居。白腰雪雀常常成对出现，当三只在一起时，这种不稳定的三角关系随时都会爆发战争。寒冷的空气中凝结着紧张的气氛，一场打斗一触即发。果然，其中两只白腰雪雀迅速投入战斗，不一会儿，胜负已经初见分晓；但是边上的第三只雪雀也要加入，它显然

白腰雪雀是中国特有鸟类，善于跳跃

早已选边站队，只是在等待时机加入打斗。马上要进入繁殖期了，白腰雪雀变得十分好斗，似乎时刻都准备投入战斗。虽然是鸟类，但它们通常仅能飞离地面 10 米左右，每次飞行的距离也不远，不过它们善于跳跃，甚至奔跑。

即便是有如此多的安全措施，依然改变不了鼠兔是这片高山草原蛋白质主要提供者的命运。藏狐作为捕食手法更加多样的猎手，除了伏击，它还会直接袭击藏在洞里的鼠兔。显然，聪明的藏狐也知道鼠兔的洞穴不止一个出口。一般藏狐采用直接袭击这种粗暴的方式抓捕的鼠兔，都是躲在临时的洞穴中；由于没有复杂的通道能让鼠兔脱身，藏狐往往都能有所斩获。躲在羊群中寻找机会也是藏狐常用的捕猎方法。鼠兔喜欢吃的植物，也是牧民的羊群喜欢吃的牧草。藏狐躲在羊群中，羊群就在无形之中成了它的掩护。选择在这里下手，藏狐真是个聪明的猎手。

藏狐利用羊群打掩护，猎捕鼠兔

青藏高原位于对流层的中上部，大气活动剧烈频繁。冬天的寒冷还没有散尽，天空开始飘起了雪花。4 月下雪，在这里也是平常。下雪天羊群在草场觅食更加艰难。洛丹青措赶紧把青饲料准备好，随后她把自家的羊赶回来。羊群是牧民们最宝贵的财产。冬春交接的季节，他们要帮助羊群渡过难关。

雪很快就停了，毕竟春天的脚步越来越近了。高山草原上的动物们已经感受到了春天的气息。鼠兔是个爱干净的家伙，它正在清理自己的洞穴，细心地梳理自己的毛发，当然，还要补充体力。它很注意形象，觅食的时候也不忘擦擦嘴保持整洁。鼠兔这么在意自己的形象，是因为它要找对象了。

兔狲有着现存猫科动物中最厚的皮毛，为了抵御寒冷，它们全身的被毛浓密

洛丹青措把青饲料铺在有积雪的草地上，准备把自家的羊群赶回来让它们吃

为了不让草场的鼠兔过度繁殖，夏知布加做了一个招鹰架

细长，肚子和尾巴上的毛特别长，这让它们在雪地中匍匐时不会被冻伤。尽管看上去是毛茸茸的胖子，其实它们一般只有 5 斤左右，最胖也不会超过 10 斤，这比很多营养过剩的家猫要轻不少。兔狲的繁殖期只有 42 天，雌性兔狲的发情期更短，只有 26 ～ 42 个小时。所以要繁衍下一代，它们得抓紧时间。

洛丹家的羊圈里添了不少小羊，为了减轻母羊的负担，洛丹取了些牛奶喂小羊。新添的小羊意味着家庭财富的增加，但是洛丹和丈夫夏知布加也发愁家里的牧场已经养活不了这么多小羊。他们请来了洛丹的父亲，大家一起想办法。

夏知布加意识到草场的退化是因为家里的牧场养活不了越来越多的羊，所以对财富的渴望应该有所节制。他们一起给家里的小羊做标记，并给它们做绝育手术。

兔狲有着现存猫科动物中最厚的皮毛

同时为了让草场的鼠兔不过度繁殖，夏知布加尝试做了一个招鹰架，希望能引来更多的猛禽，帮忙控制鼠兔。

高山草原的生活对这里所有的居民来说都很艰难，但是在相生相克的生物链中，只要懂得克制，这里的生命就都能在这片寒冷的高原生生不息。

（二）

雨季来临，草原上最富有生命力的季节也随之而来。蓑羽鹤，世界上体形最小的鹤类，飞越世界上最高的山峰，来到了内蒙古东部的锡林郭勒草原。在这里，它们将和很多其他的邻居一起，繁育下一代。不久，这里将变成一个巨大的育儿所。30 天的孵化过程，是蓑羽鹤夫妇和太阳一起完成的。蓑羽鹤把蛋下在太阳可以直射的山冈上，阳光可以给蛋提供合适的温度。蓑羽鹤夫妇就在周围守护着，不时地翻动蛋，让胚胎得以更好地发育；而当气温下降，它们就开始轮流孵化。无论是风中、雨中，还是骄阳下，自从组建了一夫一妻制的家庭后，蓑羽鹤夫妇就形影不离，它们的全部生活就是共同抚育下一代。

这里的沙狐此时却已经开始操心孩子们的口粮了。沙狐是机智的猎手。气味是猎物留给沙狐最好的线索，嗅觉发达的它好像已经有了目标。草原上的鼠类是

沙狐捕捉到了一只鼠兔

蓑羽鹤来到了内蒙古东部的草原繁育下一代

第一只小蓑羽鹤破壳出生，但它十分虚弱

沙狐的主要食物来源。为了不惊动猎物，沙狐先将身体趴在地上，把自己很好地隐藏在草地中。它的耳根宽阔，耳朵又大又尖，这可以帮助它准确定位猎物的行踪。接着它开始匍匐前行，慢慢接近目标，然后蹲伏下来再观察，这是猎捕前最后的准备。当时机成熟，它就迅速出击。一旦得手，它就叼着猎物给刚

两只没有吃饱的黑喉雪雀雏鸟渴望地望着妈妈，希望可以得到更多食物

五只雏鸟渴望妈妈喂给它们食物

出生不久的幼崽送去。但对于嗷嗷待哺的孩子们来说，这有些不够，沙狐还得努力。

离小蓑羽鹤出壳的日子越来越近了。第一只小蓑羽鹤的出壳，让这只雌蓑羽鹤吓了一跳，这可能是它第一次做母亲，于是它惊慌失措地跑去召唤伴侣。蓑羽鹤是早成鸟，出壳不久就能行走；但是刚出生的小蓑羽鹤太虚弱了，还需要在成鸟的羽翼下再积蓄一点力量。

第二天，第二只小蓑羽鹤也出壳了。这一次，雌蓑羽鹤已经很有经验了，它懂得把刚出生的小鸟裹在翅膀下，已经可以走路的老大也急忙赶了回来，共享这温暖的怀抱。现在，最重要的事是让刚出壳的小弟学会走路，能够自己走出出生的小窝。

急速飞来的是黑喉雪雀，在这片草原上，它也有一窝嗷嗷待哺的雏鸟需要照顾，它没有直接停在自家的洞口，确认没有危险后，才进了地洞。入洞要谨慎，出洞却要迅速，藏有雏鸟的地洞可不能泄露。稍微长大一点后，小雪雀就不会老老实实地在地洞里待着了，对食物的渴望会让它去争抢亲鸟口中的食物。在不到两分钟内，黑喉雪雀已经喂食了两次。显然，这两只小雪雀还是没有吃饱，但是食物带来的能量已经让它们的身体更加有力量。

一、二、三、四、五，这是有着五只雏鸟的大家庭。亲鸟已经疲于奔命，但每次喂食都变成了哄抢。每次黑喉雪雀喂食都来去匆匆，那一张张喂不饱的小嘴让它们停不下来，尽管在身形上雏鸟甚至比亲鸟还要胖。不久，雏鸟开始在地上啄食，不知道这样是否能多吃上一点。有的雏鸟则开始练习低空飞行，虽然飞不

蓑羽鹤妈妈用美食诱惑雏鸟，谁跑得快，谁就可以吃上虫子

了太高，而且有时候明明是往前飞，最后却落在了后面。但是没有关系，因为在练习中，它们离长大的那一天也越来越近。

草原初夏的雨，说来就来，说走就走。父母的翅膀总是能及时地为小蓑羽鹤遮风挡雨。小蓑羽鹤太眷恋父母温暖的怀抱，但是亲鸟可不这么想。蓑羽鹤是最具有耐心和技巧的父母。为了能让小蓑羽鹤多练习走路，它们可谓循循善诱。当小蓑羽鹤体会到了自己奔走的快乐，就不再眷恋父母的羽翼了。

曾经飞越喜马拉雅山的蓑羽鹤，自从来到这片草原繁育下一代，它们就变成了行走的鸟。一家四口一同外出散步、觅食，这才是它们最普通不过的日常。学会了走，那下一步就是学习跑。这次的教学方法变成了用美食诱惑。蓑羽鹤从来不会把食物直接送到雏鸟的嘴里，它们总是要保持一定距离，让小蓑羽鹤自己来吃。谁跑得快，谁能跟上父母的步伐，谁就能吃到虫子。虽然有时候会判断失误扑空，但是一点都不能浪费，很小的食物掉了，蓑羽鹤父母也会叼起来再喂给雏鸟。

晚出生一天的小蓑羽鹤似乎有点吃亏，但是不用担心，蓑羽鹤父母心中有数，

草原雕夫妻提醒对方轮班的方式相当直接

有的时候也会特意照顾一下这只小的。蓑羽鹤父母会一“人”负责一只小的，但是跟着爸爸还是妈妈，有时候还是有差别的，一般来说，还是一起跟着妈妈靠谱些。小蓑羽鹤的脖子已经可以伸得长长的，偶尔也开始伸展翅膀，它们正在慢慢长大。

此时，草原雕在孵化它的下一代，在温度高的时候，它也会把蛋交给阳光，自己可能会抽空去补充一下能量。草原雕是草原上的大型猛禽，各种鼠类都是它们的猎物。当一对草原雕分享它们的猎物时，它们选择了轮流进食，一只享用美食的时候，另一只在旁边巡护，防止不远处正在觊觎这些美食的同类。

不远处的土堆上，两只白色的小绒球看上去有些焦虑，它们是刚出生不久的草原雕，未来的草原霸主。虽然一出生就长出了霸气的鹰嘴，但现在它们连移动到窝外都显得非常困难，流着口水，打着哈欠，一副又困又饿的样子，完全没有霸主的威严。

这对草原雕似乎是一对老夫老妻，提醒对方该轮班了的方式也很直接。草原雕妈妈终于回来了。一会儿，草原雕爸爸叼着食物也回来了。放下食物，草原雕爸爸又走到窝外的高处，开始寻找下一个猎物。刚刚还很焦虑的小绒球在妈妈的羽翼下，很快就安静了下来。6 月，草原上的阳光开始变得炙热。草原雕妈妈微微张开翅膀，随着阳光不断调整位置，化身一把移动的遮阳伞，为它的孩子提供一个最舒适的港湾。一只小绒球突然从妈妈的怀中钻出来，并且摆出了一个奇怪的姿势，然后用尽了全力……真是个从小就爱干净的好孩子。

6 月是锡林郭勒草原一年中最好的时候，草原雕妈妈也在享受着美好的亲子时光。这段时光很短暂，两个月后，小鸟就会长大离巢。

夏季，是草原牧草最茂盛的时候。牧民和他们的牛群是离蓑羽鹤最近的邻居。敬畏大自然的蒙古族，以鸟为伴，如今依然保留着从不伤害鸟类的传统。但是偶尔，蓑羽鹤也会给闯入它们警戒范围内的牛群一个小小的警告，并严厉告知牛群它们的势力范围。

头顶浅色绒毛的小蓑羽鹤在花丛中可以很好地隐藏，而陪伴周围的蓑羽鹤也十分机警，即便是在觅食中，也时刻注意周围的变化。言传身教，也许就是蓑羽鹤教育下一代的方法。

蓑羽鹤妈妈从地里挖出虫子给雏鸟们吃

蓑羽鹤以昆虫还有植物的嫩芽和叶为食。草原上的食物太丰富了，小蓑羽鹤慢慢有些挑食了，不过蓑羽鹤妈妈也并不勉强。长时间的拉练觅食，让小蓑羽鹤有些疲倦，现在它不需要父母的怀抱，也能自己小眯一会儿。等休息一会儿再吃吧。

蓑羽鹤尖尖的长嘴能拨开草皮挖到藏在表层土里的昆虫。这时候小蓑羽鹤最好还是保持一点安全距离，否则就会被飞溅的土砸中。果然，土下藏着的是不多见的大虫子。但是对于小蓑羽鹤来说有点太大了。亲鸟耐心地把虫子啄成小块，再喂给自己的孩子。

在这片大草原的高处，一对大鵟的雏鸟正拥挤地躲在岩穴的角落里，躲避着阳光的炙烤和大风的吹袭。大鵟把巢建在了草原高处的岩壁上，雏鸟羽毛的颜色让它们与周围的岩石融为一体，在这里它们很安全。大鵟带着食物回来了，喂食在瞬间完成。当资源紧缺时，竞争就开始了，抢到食物的老大紧紧护住自己的美食，老二只有看着的份儿。

这个建在岩穴中的窝里铺着大鵟精心挑选的各种材料，除了小树枝、羽毛和干草，还有破布和塑料袋。但是这个窝对于正在快速长大的雏鸟来说已经不算舒适了，它们脚上已经长出利爪，这使得它们站立时非常不舒服，不得不跪着，或者躺着。洞口外，阳光明媚，从非洲飞来的雨燕正在草原上空自由地飞翔。老大有点待不住了，蹒跚着走向洞口，它也想试试。洞口的风有点太大了，老大有点站不稳，万一失去平衡，掉下去就是悬崖；但是，张开翅膀的感觉真是太好了。风很大，好像可以把它带着飞起来，老大不由得一次次展开了翅膀。

蜷缩在窝里的老二起初看着老大还有点无动于衷，毕竟刚才没有抢到吃的，精力没那么旺盛。但是禁不住老大的召唤，老二终于也来到了洞口，展开了翅膀。感觉不错，再来一次……但是，小哥俩意识到，现在要飞还是有些为时过早，于是双双躺倒。只不过这次，它们选择面朝天空，畅想未来。

大鵟将巢穴建在了与它们羽毛颜色相近的崖壁中，两中雏鸟正在躲避阳光的炙烤

赤狐显然已经进入了红嘴山鸦的巢区

秋天，草原开始变成了金黄色，农民们正赶着收获春天种植的小麦。收割后的麦田里散落着成熟的小麦颗粒，成为食物最充足的地方。分散在附近的飞禽和走兽都开始向这里集中。

一只赤狐冒失地闯入了麦田附近小山包上红嘴山鸦的巢区。飞行技巧高超的红嘴山鸦是大型鸦类，细长尖利的红嘴是它攻击的武器。这只赤狐的心思好像不在这里，但红嘴山鸦却感到了危险，开始主动出击。这对赤狐来说只能算是骚扰，它并没有就此离开。于是第二次攻击开始，这次红嘴山鸦选择攻击赤狐的头部。赤狐竟然认输了，落荒而逃。任何时候都不要低估父母保护幼子的勇气和能力。

达乌里寒鸦集群而来，天气越冷，它们集群的规模就越大。白枕鹤也开始集群，它们要为越冬的迁徙做最后的准备。蓑羽鹤一家四口也来到了麦田，它们即

迁徙的蓑羽鹤大部队

将结束小单元的家庭结构，正式开始群体生活。蓑羽鹤们在这里做最后的能量补充，同时也在感受气流和风向，等待最终出发的信号。

出发的时候终于到了。这将是小蓑羽鹤第一次南迁的旅程，前方等待它的有长距离的飞行、世界上最高的雪山，还有虎视眈眈的天敌。但是，只有完成了这第一次的迁徙，它们才算真正成年，也许这就是成长的考验。

（三）

内蒙古草原的中部，是典型的半干旱草原。西伯利亚的寒风，让这里有长达七个月的严冬。年平均蒸发量是年平均降水量的近七倍。大风常年不歇。干旱，是这里的一切生命必须面对的问题。

春天是繁殖的季节。牧民阿生开始打扫羊圈，准备迎接新生命的诞生。有一只母羊快要生产了，它看起来有些吃力，这时候必须有人帮它一把，否则小羊可能会被闷死。所幸，一切都很顺利。温暖的阳光照在刚出生的小羊身上，母羊舔去小羊身上的胞衣，5 分钟后，它就摇摇晃晃地站了起来。但是周围没有一点春天的绿意。干旱，使得黄色成为这里春天的色调；所以水是这里所有物种最宝贵的资源。

白琵鹭正在水中寻找食物

逐水草而居是牧民千百年来的传统。发源于浑善达克沙地的高格斯台河，一路流向西北，最终汇聚成查干淖尔。在蒙古语里，查干淖尔是白色湖泊的意思。在草原上，有水的地方就会有鸟。翘鼻麻鸭和赤麻鸭是这里的常住民。到了初夏，大批候鸟陆续从南方飞来，大面积的浅水区为它们提供了丰富的食物，让它们得以在此度过整个夏天。

白琵鹭的数量最多，它们有像夹子一样扁平的嘴，这种结构便于它们把嘴插入水中来回扫动，通过触觉寻找食物。苍鹭不会像白琵鹭那样把水弄浑，它经常会保持不动，紧盯水面，等候过往的鱼群。一旦瞅准时机，行动将极为迅速。黑翅长脚鹬主要在浅水处觅食，红色的长腿是它成年的标志。长长的尖嘴让黑翅长脚鹬能在较深的水中觅食，同时又能保持优美的身姿。

紧盯水面、等候过往鱼群的苍鹭

在浅水处觅食的黑翅长脚鹬

小查干淖尔的湖水呈弱碱性，这使得这里的鲤鱼肉质非常鲜美。草原上的牧民，平时以牛羊肉为主要食物。能够在半干旱的草原上吃到新鲜的鱼，对于牧民来说是一件很幸运的事。但更为重要的是，小查干淖尔可以为碱蓬发芽提供重要的水源。

傍晚，白琵鹭聚在一起休息，它们将脑袋插在翅膀里，长时间站立。但旁边总有一两只在放哨，一旦有危险，就会全部飞走。这里鸟的密度还在不断增加，因为它旁边的大查干淖尔已经彻底干枯了。

曾经水域面积达八十多平方公里的大查干淖尔，如今已经成了盐碱地。沉积在湖盆底部的盐碱物质慢慢析出，白茫茫一片，遇到刮风天气，这些盐碱粉末便随风扩散，弥漫了整个天空。从南面的浑善达克沙地吹来的黄沙，已经将它附近的一些房屋吞没。自然的修复能力已经无法让大查干淖尔挡住南面的黄沙，没有了水源，人的生活也艰辛起来。

还没有到夏天，那仁高娃家草场的草就被羊吃光了，为了不让自己家的三百多只羊在冬天面临无草可吃的情况，他不得不在五十公里外又租了一个草场。那仁高娃一家将在那里度过一个夏天的时间。在干旱的草原上，水显得尤为珍贵。那仁高娃每次都要到两公里外的地方打水，这些水要首先满足三百多只羊的需求，而他在生活中已经把自己对水的需求降到最低。由于市场需求旺盛，羊和牛成为

那仁高娃从两公里外的地方取水来满足三百多只羊的需求

草原沙蜥外出觅食

牧民饲养的主要牲畜，而且牧场的载畜量也远远超过政府规定的数量。由于车辆的普及，马的数量急剧下降，骆驼则几乎绝迹，曾经合理利用草原的五畜平衡也随之消失了。

在那仁高娃家草场的不远处，习惯在荒漠草原生活的草原沙蜥开始出没。这些草原沙蜥们已经非常适应干燥高温的环境，它们身上密集排列的鳞片能够有效防止体内水分大量蒸发。草原沙蜥一般都在日出后温度较高时外出觅食。它们属于短跑健将，强健的四肢使其在沙地上也能迅速移动；但是它们耐力不足，跑不多远就得停下来。休息时它们会将尾巴翘起来，向周围可能存在的同类发出警告。在这片新出现的荒漠草原，它们要尽快繁衍更多的后代来占领地盘。

为了自己和草原的未来，牧民们已经开始行动起来。碱蓬是一种一年生的草本植物，能在贫瘠的盐碱地上生存。碱蓬的种子休眠期很短，遇上适宜的条件便能迅速发芽、出苗、生长。牧民们要把这种主要生长在滩涂上的耐盐植物栽种到干旱的查干淖尔，希望能让已经荒漠化的查干淖尔恢复生机。但是从来没有种植经验的牧民，要在干涸的湖盆上种碱蓬，并没有那么容易。第一年，他们选择在雨季到来之前撒下种子，没想到一场沙尘暴将种子全部刮跑了。让他们没想到的是，两个月之后，在查干淖尔南边发现了许多碱蓬的幼苗。碱蓬的种子被大风吹到了

碱蓬可以生长在贫瘠的盐碱地上

草原的天气诡异多变，时常会有狂风带着大雪

这里，然后在这里生根发芽。此后，每年的春夏之交，牧民们都要播撒希望的种子。但这时候草原的天气诡异多变，有一次，狂风夹杂着冰雹突然袭来，种植队员们不得不暂时离开。很快，冰雹又变成了漫天飞舞的雪花，整个查干淖尔不一会儿就雪白一片。对于那些刚刚露出地面的碱蓬幼苗，冰雪天气无疑是致命一击，但这也使得干涸的湖盆获得了充足的水分。趁着地面还没完全干透，牧民阿生带领的种植队开始准备下一次播种。然而一场突如其来的大雨，再次打乱了他们的播种计划。

草原的雨来去匆匆，虽然远处还有隐隐的雷声，可天空已经放晴。碱蓬种植最终得以顺利进行。雨雪的滋润也让那一年播种的碱蓬长得格外好，成活率非常高，几乎达到了80%，最高的长到了六七十厘米。看着成片成片的绿色，让人心花怒放。碱蓬不仅能很好地适应盐碱化的土壤，其植株还可以降低风速、阻挡沙土。等到盐碱土被沙土覆盖之后，次生植物开始出现了：小果白刺、碱苇子，还有碱蒿都

霜降过后，碱蓬变成了一片红色

纷纷冒了出来。

秋天，随着天气转冷，各种候鸟又要途径这里飞回到温暖的南方。霜降过后，碱蓬则变成了红色，远远望去犹如一片红色的海洋。等到碱蓬彻底枯萎，牧民们会将碱蓬种子打下来。来年春天，他们会把这些种子播撒到另外一片干涸的湖盆。

这就是草原，虽然它面临着很多的挑战，但只要能让它恢复自身的修复力，草原不仅能为生活在这里的居民提供一个满意的家，还可以成为一道生态屏障，为其他生态系统挡住风沙。

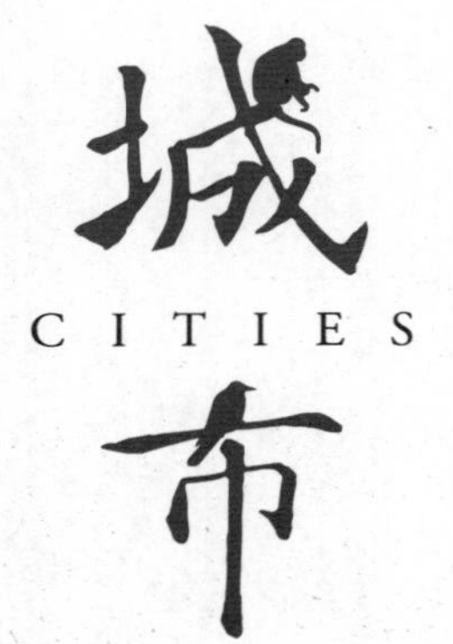
城
CITIES
市

Royal

WANDA

城市，地球上出现最晚的一个生态系统。今天的中国，正在推进人类历史上最大规模的城市建设。从一开始，城市就是为了人的需要而建造的，但其他生物也要在这里努力寻找自己的空间。当这个最不自然的生态系统学会了如何与自然相容，这里才能成为更加宜居的家园。

（一）

北京，一座人类建设了三千多年的古城，一座世界上拥有世界文化遗产数量最多的城市。天坛，古代皇帝与上天沟通的地方；现在，这里也是东北刺猬的家；当然，这里还是一个公园。清晨是这里热闹的开始，公园里充满了晨练舞的音乐

天坛，既是我们熟悉的公园，也是东北刺猬的家

北松鼠正在加工核桃

声、抖空竹的嗡嗡声、过往行人的脚步声和鸟叫声。尽管白天是刺猬休息的时间，但它不得不适应这样的居家环境。已经习惯噪声的刺猬被吵醒后只是转了转头，并再次陷入沉睡，直到夜晚来临。

身形修长的北松鼠一大早就忙碌起来，夏天已经结束，它不仅要赶紧“贴秋膘”，还要储备口粮，以应付北京漫长而寒冷的冬天。公园里种植的核桃树和松树，都能为它提供食物。北松鼠发现了一颗核桃，但这里不仅有同类的竞争，还有很多伺机打劫的鸟类，为了确保口粮的安全，它先把核桃藏了起来。

一旦确认安全，它就迅速对“冬储粮”进行预加工，然后找个安全的地方储藏。但是，它已经被一只喜鹊盯上了。北松鼠似乎并不在意，因为它知道自己的仓库非常隐秘。喜鹊在北松鼠藏核桃的地方来回寻觅，果然一无所获。北松鼠成功地保住了越冬的食物，并开始为新的食物忙碌。

突然到来的秋雨，让公园里的人一下少了很多。一些公园里的“居民”在雨后出来透透气。但是，在天敌的眼中，这些雨后冒出来的小动物就是移动的美食，它们鲜嫩多汁，美味无比。

面对戴胜，麻雀也只好认㞞

麻雀们也出来找吃的，它们总是喜欢群体觅食，特别是在食物充足的时候；但是它们过于喧哗，引来了不速之客。胆小的麻雀四处逃窜，眼巴巴地在屋檐上看着戴胜在草地上美餐。戴胜吃饱以后，骄傲地飞到麻雀旁边，麻雀们又只好乖乖让出地盘。

傍晚，白天分散的流浪猫开始聚集，它们的晚餐时间到了；但是今天并没有如愿按时等来晚餐，一场秋雨耽误了喂食者。晚餐终于在天马上就要黑时来了，比平时晚了一个小时，流浪猫饿极了。虽然它们各自都有自己的餐盘，但是有时候也会凑在一起吃，除了一只躲在一旁的流浪猫。这只流浪猫并没有直接凑上去吃，而是先在一旁观望；因为它特别胆小，一直躲在废弃的排水洞中，所以它的餐盘也就直接被摆在了洞口。一顿风卷残云后，虽然还剩下很多猫粮，但显然流浪猫们已经吃饱了。

夜幕降临，东北刺猬终于醒了。雨水让它在草丛的窝变得潮湿，所以它今天醒得比平常要早一些。刺猬的鼻子有着灵敏的嗅觉，是它感知世界的探测器。雨后湿润的空气中混杂着各种虫子的味道从不远处的草丛里飘来。刺猬的爬行速度并不快，但当它发现猎物时，动作就会变得迅速。果然，它很快就有所发现，一头扎进草丛中——一条大蚯蚓，这是它今天的第一顿饭。

刺猬的牙齿非常锋利，它把蚯蚓咬成两段，先吃比较小的一段。被吃了一截的蚯蚓从刺猬嘴里掉了下来，乘机赶紧逃跑。可是刺猬看上去并不着急，它扭着脖子，把嘴里的唾液涂在自己的刺上。每当遇到新气味、新环境，它们就会涂刺，通过这样的方法来记住气味。所以对于仓皇逃跑的蚯蚓刺猬也并不在意，因为它已经记住了这条蚯蚓的味道。果然，它轻而易举地找到了那只被它吃了一截的蚯蚓，继续它的美餐。一条蚯蚓只能算是开胃小菜，刺猬知道有个地方还有比蚯蚓更好吃的东西。但现在还不是时候，它需要等待。

流浪猫看到晚餐纷纷围了过来

刺猬在草丛里发现了一条蚯蚓

对于刺猬来说，猫粮是个不错的选择

刺猬的出现把流浪猫吓了一跳。但是它们已经吃饱喝足，而且明天还会有人带来新的美味，所以它们并不在意。在确认安全后，刺猬开始了它今天的第一顿正餐；虽然是猫粮，还是流浪猫吃剩下的，但依然是比蚯蚓更美味的大餐。终于吃饱了，刺猬不愿在这里久留，因为这里完全没有遮蔽，不远处还人来人往。因为下雨，之前的窝已经不再舒适，它需要给自己找个新的落脚点。

那只胆小的流浪猫吃饱后就直接缩进了它的排水洞小窝，这给了刺猬一些启发，它决定也去找个类似的地方落脚。在不远的地方，刺猬发现了一个废弃的排水洞。这里位置偏僻，没有什么人经过；而且靠近流浪猫聚集地，这就意味着离免费的食物很近。这是一个不错的选择。

北京迎来了它冬季的客人——小嘴乌鸦

靠近明亮的路灯和广告牌的树枝，都是小嘴乌鸦夜栖地较为理想的选择

当夜晚来得越来越早，冬天也就来了。北京迎来了它冬季的客人——小嘴乌鸦。确切地说，城市是它们冬季的家。离开了整整一年之后，有些权力和界限需要重新确认。确认的方式有很多种，开始时可以是文斗，一旦谈判不能解决问题，就只能依靠武力，直到一方认输离开。只有确认了地盘，才可以无关外界纷扰，

小嘴乌鸦在冰上磨喙

喜鹊也要来分一杯羹

安然入梦。

热岛效应使得市区相对于郊野更加温暖，这也许是乌鸦在冬季选择到城市过夜的原因。但是城市里真正适合小嘴乌鸦夜栖的地方并不多。因为在冬天北京城区猛禽稀少，所以来自天空的危险并不多；因此，高大的杨树是小嘴乌鸦的主战场。它们青睐树干最高处、树枝交错最密集的地方，这里不仅远离来自地面的危险，还比较隐蔽，能让它们与夜色融为一体。靠近明亮的路灯和广告牌的树枝，亦是较为理想的选择，因为这里既温暖，光线又好，能让它们及时发现下面的异常动静。但是再费尽心思的隐藏，也可能因为一个细节而完全暴露。

北京师范大学是北京乌鸦最多的地方之一，最多的时候有 12,000 多只乌鸦选择在这里过冬，所以这里也是北京最容易被乌鸦的排泄物击中的地方。即便是不幸中招，高大的树木和夜色的保护也会让受害人找不到肇事者，只能从高处传来的叫声判断出乌鸦的大致位置，所以人们更多地选择和平相处。夜晚的校园很早就安静下来，小嘴乌鸦在高大的杨树上进入了梦乡，为白天的觅食养精蓄锐。

隆冬，城里的水面也结成了冰，早起的小嘴乌鸦开始为觅食做准备，它们会用喙凿击冰面，通过摩擦保持喙部的锋利。这对于小嘴乌鸦来说是一件非常重要的事情，因为喙是它们争夺食物的重要工具。很快，它们发现了一个需要集体行动的目标。

一只在南迁中掉队的红隼发现了难得的猎物老鼠。速度，让它顺利得手，但是要保住它，看起来是一件更困难的事情。刚刚磨完喙的乌鸦集群而来。虽然面对的是猛禽，但是数量上的优势让它们铤而走险，一步步缩小包围圈，试图找到突破点。一旁的喜鹊也加入战队，在旁边上蹿下跳，准备伺机出动。这是一场无声的较量，然而红隼并没有给它们机会。最终，乌鸦们放弃了，红隼终于可以享用这得来不易的美食。

乌鸦的放弃，可能是在计算争抢一只老鼠耗费的体力后做出的，因为在城市边缘的郊野公园，有为野生动物补充冬季食物的人工补饲装置，乌鸦可以轻易获得充足的食物，还有时间去捉弄一下郊野公园里的大家伙——麋鹿。乌鸦会飞到麋鹿身上，麋鹿一甩身，它们就飞走了，可是等到麋鹿停歇下来，它们就又来了；

乌鸦似乎很喜欢玩这个游戏，玩了一遍，再玩一遍……终于，世界恢复了宁静。但是郊野公园还是离栖息地太远，返程长距离的飞行也会耗费大量的能量，聪明

吃饱喝足后，乌鸦喜欢和一旁的麋鹿做游戏

北京动物园，动物相对比较集中的地方，也是小嘴乌鸦理想的“餐厅”

的乌鸦要寻找更理想的觅食点。

相比郊野公园，北京动物园是一个更好的选择，这里是城市中动物最多的地方，也是最不用发愁食物的地方。显然，这里是这些“原住民”的地盘，初来乍到的小嘴乌鸦需要等待时机。每天，动物园里的工作人员都会定时投喂，不用争抢，只要等待，等待“原住民”吃饱，剩下的食物还是很充裕的。不过，也有乌鸦不愿意等着吃别人吃剩下的，它们会去别的场所碰碰运气。

它们来到非洲动物区。一点点靠近盛满饲料的食槽，选择最安全的位置，然后开动。乌鸦面对轻易到手的食物开始肆意妄为，它们叫嚣似的在食槽边打斗，甚至得意地在斑马身上炫耀，并最终引发“主人”的驱赶。

有时候，它们也会到其他地方碰碰运气

（二）

当城市的水面结冰后，长耳鸮也回来了，但是它没有回到原来位于市中心天坛的家，而是来到城市边缘的郊野公园，这里人更少，动物却更多，环境也更接近于自然。对于白天需要一个宁静、安全的环境来休息的长耳鸮来说，不被打扰很重要。

北京猛禽救助中心能够采用科学专业的救助方法，为受伤、生病、迷途以及在执法过程中罚没的猛禽提供治疗、护理和康复训练

刚到救助中心的长耳鸮非常警觉，它待在吊杆上一动不动

同期声

戴畅（北京猛禽救助中心康复师）：

当它眼前变黑的时候，它就会安静下来，就没那么害怕了。因为体检不得已要让它跟人有这种非常近距离的接触，我们就把它的眼睛给挡起来，这样整个检查过程中它就会放松一些，没那么紧张了。

这只长耳鸮左翅的第10枚初级飞羽断损；右边的飞羽都没问题。嘴没问题。翅长310（毫米），（环志号）J02-6392。

虽然长耳鸮属于黑夜，但是城市的夜晚对于长耳鸮来说充满了危险。一只长耳鸮就是在城市的"冒险"中受伤了，它被送到了北京猛禽救助中心。康复师为惊魂未定的长耳鸮进行身体检查。

检查完毕后，这只长耳鸮被安置在救助中心的室外笼舍中。一切都很陌生，长耳鸮警觉地不敢动弹。其实这里的一切都是为了它的恢复精心准备的。吊杆、草皮都是为了最大限度地模仿它的生活的自然环境。等到长耳鸮渐渐放松了，它便开始尝试做各种动作。在救助中心的精心养护下，长耳鸮恢复得越来越好，但是依然对外界保持着很高的警惕。

长耳鸮笼舍隔壁的红隼有些闹腾，康复师们发现它们的脚没问题，只是爪子有些干裂。康复师们小心翼翼地查看红隼恢复的状况，并进行伤口护理；因为无法完全模拟野外的捕食条件，康复师们需要帮助它们修剪喙部，还要对它们的身体机能进行评估。

冬天的白昼总是短暂，太阳早早地下山了，完全适应城市冬天生活的小嘴乌鸦日夜穿梭在北京的上空，直到冬天结束春天来临。此时，长耳鸮已经可以在室外笼舍中进行短距离飞行了，到了放归自然的时候了。放归的地点也是经过精心

长耳鸮越来越放松，开始尝试做各种动作

挑选的，一般会选择离山林不远的开阔地带。

希望这段城市的冒险经历，能让它找到一个更安全的家。

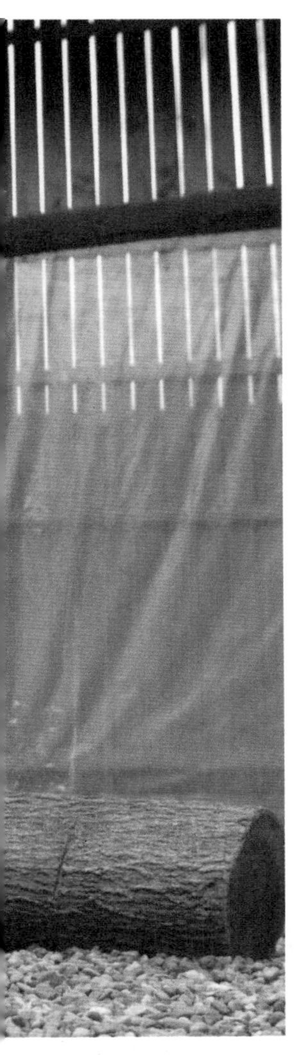

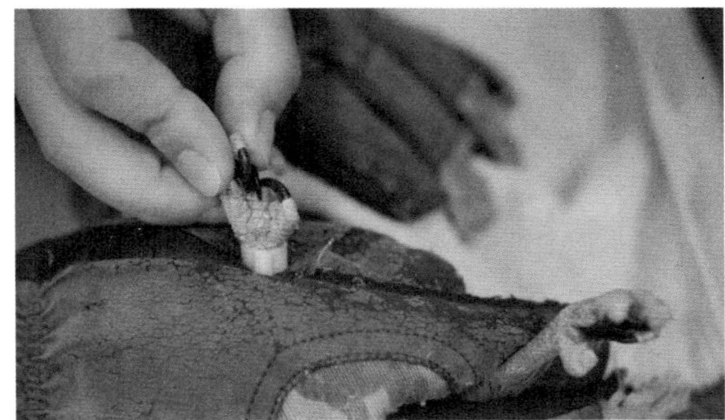

康复师为红隼检查爪子

康复师帮红隼修剪喙部以保证其正常进食

康复师准备放飞长耳鸮，这里将是长耳鸮踏上新征途的起点

（三）

冬天的北京一片萧瑟，位于世界上最大的喀斯特地貌区域之一的高原城市贵阳，却充满绿意。这是一座被山包围，同时也将山包裹其中的城市。喀斯特地貌给这座城市的居民带来了很多福利。

一群“越狱者”在这座城市中心的一座喀斯特丘陵栖息下来。经过石灰岩过滤的泉水甘甜可口，亚热带季风性湿润气候让这里四季常绿，优越的自然条件让它们吃喝不愁，于是这群陆续从动物园逃逸的猕猴从三十多只繁衍壮大至约六百只。

从人类的牢笼中逃出后，它们似乎并不打算远离人类。在这座城市的黔灵山森林公园中，幼猴们可以尽情地游戏玩耍，伴侣们能愉快地享受“二人世界”，母子可以安静地度过亲子时光，有时还会举办育儿聚会，如果有兴趣，它们还能在节假日观摩人类的社交生活。更重要的是，人类可以带给它们自然界不能提供的美味。

贵阳，位于世界上最大的喀斯特地貌区域之一的高原城市

春节，十余万贵阳人来到了黔灵山

这群生活在城市中心的猕猴，也许是世界上对人类最了解的猕猴：它们在远离游客的区域打斗、玩耍，在步道边与人类互动获取食物；它们懂得如何与人类相处，这座城市的居民也从它们身上学习如何与身边的其他居民打交道。

春节是中国人最重要的节日，也是黔灵山一年中最热闹的一天。这一天，十余万贵阳人扶老携幼，来黔灵山朝山捡柴。“捡柴”就是“捡财”，这一风俗已经形成了数百年。黔灵山的猕猴，今天也过节。因为潮水一样涌入公园的人流，将给它们带来比平时丰富得多的美食。嗑个瓜子、吃个花生，这都是平常的零食。人们还带来了这座山里没有的各式水果，香蕉、橘子、桂圆，还有苹果和梨，从猕猴们对待食物的方式上可以看出，它们显然已娴熟地掌握了剥皮的技巧。它们吃得有点浪费，因为还有一些自然界没有的食物在等着它。大白兔奶糖、棒棒糖、雪饼，猕猴们拆开包装的动作非常娴熟，看来它们不是第一次吃了，当然，小猴子拆包装的技巧还需要磨练。从猕猴们旁边一地狼藉的垃圾就能看出来，今天它们吃得真不少，真是节日的加餐。长期被游客喂养的猕猴，甚至有了自己爱喝的饮料，这味道比平常喝的山泉水甜多了。

猕猴学会了品尝人类的食物

猕猴熟练地剥开了大白兔奶糖的糖纸

也许只有在这里，如此高密度的动物和人才会离得这么近，才会有这么多的互动。在这种互动中，有和谐的时刻，也有冲突的瞬间。人类出于爱心给猕猴投喂食物，殊不知这些造成人类三高的食品也会给猕猴的身体带来影响。人类与动

它们也有自己爱喝的饮料

花溪丰富的湿地类型让很多动物来这里安家

物可以生活在一个空间中，但彼此应保持适当的距离，也许这才是一种更合适的相处方式。

春节过后，春天很快就来了，亚热带的温暖气候让贵阳的春天来得更早一些，也更绚烂一些。这里有中国西南高原喀斯特地貌塑造的湿地，这片城市中的湿地因为这缤纷的落英，有了一个美丽的名字——花溪。

由于地处中国南方两大水系——长江和珠江——的分水岭，充沛的水量和优良的水质，让这块湿地滋养着这座城市的居民。河滩、绿洲、花圃、农田，丰富的湿地类型让很多动物来这块城市湿地安家。

白鹭是生态环境的指示鸟种，它们的存在是这块湿地良好生态的证明。白鹭体态优雅，但是在初春，它们是积极的斗士。湿地里白鹭喜爱的食物十分丰富，但有时它们会为了抢夺同类口中的猎物打斗；此时，它们打斗不仅仅是为了食物，更是为了求偶。

春天的气息，让花溪湿地的鸟儿都有些躁动不安。黑水鸡在水中不停地梳妆打扮，即使上岸，它们最爱做的，还是打扮自己。它们在水中游弋，炫耀自己白色的尾羽，献上爱的舞蹈。但是，面对竞争者，雄鸟也会大打出手。一只赤颈鸊鹈不小心闯进了战场。它的出现，让失利者更加惊慌，落败就此定局。

体态优雅的白鹭

面对竞争者，黑水鸡也会大打出手

雌鸟接纳了胜利者，它们共浴爱河

只有胜利者才会得到交配的权利。黑水鸡显然已经分出了胜负，雌鸟接纳了胜利者，它们共浴爱河。之后，雌鸟会在河中绿洲的灌丛中营造爱巢，产卵孵育后代。

夜幕降临，花溪湿地中的鸟儿们都已安睡，湿地紧邻的街道华灯初上，城市的夜生活，才刚刚开始。

重庆是一座建立在喀斯特地貌上的山城

重庆，这座建立在喀斯特地貌上的山城，全年三分之一的日子都是云雾缭绕。这让它成为中国日照最少，但是湿度最大的地区之一。起伏的地势，错落交织的城市交通，层层叠叠的绿色将这座城市紧紧包裹，让这座城市有一种超现实的魔幻感。

亚热带季风性气候，让生长在这片喀斯特地貌上的植物得到了充沛的水分滋养。但它们要为获得更多的阳光而竞争。显然黄桷树是这场竞争中的佼佼者，在喀斯特地貌贫瘠的土壤，如此高大的落叶乔木，它的存在本来就是生命力顽强的

黄桷树的根系发达，盘根错节

粗壮繁杂的根系中，无数个新生的气生根正在茁壮成长

象征，更何况它甚至可以扎根在这个城市的任何角落，从海拔三百米到两千多米，它都可以茂盛地生长。

发达的根系是黄桷树扎根“山城”的法宝，它的根系盘根错节地紧紧扎进石缝里，无论是多么陡峭的位置，它都可以屹然而立。因为在这里，它几乎没有竞争者，从而可以独占宝贵的阳光。在它粗壮繁杂的根系中，无数个新生的气生根正在茁壮成长，它们是黄桷树牢牢扎根石墙的有力支持。大量裸露的根须可以直接从空

黄桷树的叶片又大又多

气中吸收水分，与扎根于土壤的植被相比，黄桷树并不完全依靠土壤中的养分存活，它的根系更多地需要氧气才能成长，这让它在喀斯特地貌上生长享有独特的优势。

黄桷树的叶片又大又多，这使得它需要消耗大量的水分，重庆潮湿多雨的天气满足了它对于水的渴望，短短几年，黄桷树就能长成参天大树，巨大的树冠让它可以独占阳光，也给这座以炎热著名的城市带来了夏日的阴凉。

因为黄桷树，自然与城市在这里达成了和解。黄桷树融入了这座城市，也融入了重庆人的生活。

（四）

南京，长江下游一座园林般的城市。古老的城墙原本是为了将人类的居所与自然的荒野隔离，然而，近两千年的建设却让这座城市将自然包裹其中，最终，森林、草原、湿地以不同的形式出现在这座城市之中。在城市生活中保留自然的位置，是这座古老而又现代的城市历经两千年总结的建设智慧。

紫金山是南京城市中的森林公园，也是世界文化遗产的所在地，丰富的人类文化遗迹保护着这片占整座城市森林面积四分之一的山峰，现代化的改造被降至最低，为这座城市里的居民保留了一点荒野的惊喜。

盛夏，紫金山是南京人最爱去的地方，因为这里有大自然才有的清凉。等到夜幕降临，人们还能发现这里藏着城市生活中不可能拥有的美妙奇观——由萤火虫创造的夏夜流光。

南京，一座古老而又现代的城市

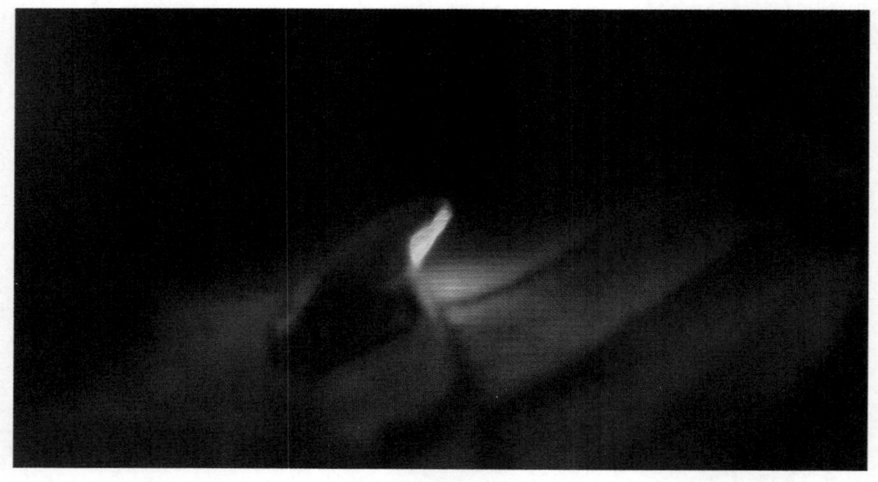

发光是一种求偶信号

这么美丽的夜景，其实是萤火虫爱的表达。发光是一种求偶信号：发出黄光的叫端黑萤，它们的数量最多；闪着绿光的是黄脉翅萤，它们数量不多，个头也只有端黑萤的三分之二。但是它们对环境的要求非常高，只有在植被茂盛、水质干净、空气清新的自然环境下才有可能看到萤火虫；更重要的是，它们需要夜晚黑色的保护，哪怕是一盏路灯，都有可能让萤火虫消失得无影无踪。

城市的夜晚是被灯光点燃的，人工的光源让萤火虫在城市中消失；因此，被夜色笼罩的紫金山，成了这座城市中萤火虫求爱的福地，萤火虫数量正以每年10% 的速度在增加。萤火虫的存在也让蜗牛和蛞蝓不会过度泛滥，帮助这片森林的花花草草不被过度啃食。

紫金山是这座城市有意为自己保留的一块荒野，生活在这座充满人文气息的城市里的人们，把对于荒野的留恋化成对田野生活的向往，并融入他们的艺术追求中。

南京的随园书坊是“世界上最美的书”的诞生地之一，这座工作室的主人朱赢椿和生活在这一小片不经人工修剪的荒野的“居民”们共同创作了很多美丽的书。朱赢椿不仅在写、在拍、在画，也在发现大自然的创造力，那些虫子啃食叶片、

朱赢椿在工作室作画

青苔后留下的“作品”在他的手中变成了一本充满大自然奥妙的书。

在这片园林中的荒野，所有的生命虽然还是要面对生存的压力，但是更多的时候，这里依然是一个和谐的家园。她在持续地给朱赢椿提供新的灵感和素材，而和他生活在一起的荒野“居民”们也在继续它们的创造。

城市，是人类专门为自己建造的家园，但也是很多物种的家；因为它们的存在，城市才能变得更加生机盎然。只有学会如何与其他物种和谐相处，人类才能将城市建造得更加宜居。

同期声

朱赢椿（南京师范大学书文化研究中心主任）：

有时候，一看就是半天。仿佛自己变成了一只小虫。小虫们在短暂的一生里，时常为了一粒米、一个粪球、一只同类的尸体去争斗、掠夺、伪装、残杀。看到这些，自己争强好胜的欲望之火也会慢慢地熄灭下来。以什么样的角度来看待虫之间的各种争斗呢？这一直也是我犯难的地方。织网的蜘蛛，带壳的蜗牛，还有齐心协力的蚂蚁，到底该去帮谁？我也知道，自然自有它的平衡法则，这一切应该由自然去决断；不过，我还是常常倾向于帮助弱势的一边。虫的世界，就像镜子一样不时地照见我自己。有时候还会想到，当我趴在地上看虫的时候，在我的头顶上，是否还有另一个更高级的生命？就像我看虫一样，在悲悯地看着我。

微小的东西里面蕴含着一种力量，我希望通过这些虫子的痕迹展示另外一种比较独特的气质，让人们知道它们的强大，甚至伟大。

海洋

OCEANS

海洋，世界上最大的生态系统，因为它的深远莫测，人类对它的研究开始得最晚。中国拥有近三百万平方公里的海洋国土，跨越了热带、亚热带和温带。这个拥有最高综合生产力的生态系统，还有很多未知需要我们去探索，而很多的已知，正在教会我们懂得，有节制地索取才能得到更多。

（一）

中国的南海，美得就像一片净土，世界上生物多样性最高的“珊瑚金三角”就在这里。在“珊瑚金三角”的北缘，散布着三万平方公里的珊瑚礁，它们构成了南海诸岛，而海岛的建造者，就是这些了不起的珊瑚虫，尽管它们单个看上去

中国拥有近三百万平方公里的海洋国土

很渺小。珊瑚虫选择了群居的生活，它们的骨架连在一起，珊瑚虫通过口周围的触手，捕食海洋里微小的浮游生物。这些珊瑚虫群体有许多张口，每只珊瑚虫都有自己的消化腔。食物从口进入，残渣再从口排出。日积月累，无数珊瑚虫尸体

中国的南海散布着三万平方公里的珊瑚礁

珊瑚虫在它们祖先的骨骼上面不断进行着生命的轮回

腐烂以后剩下的群体的骨骼，一点点地筑就了这些岛礁。在热带地区，珊瑚虫繁殖迅速，老的不断死去，新一代的珊瑚虫在它们祖先的骨骼上面继续生命的轮回。

月圆之夜，珊瑚虫纷纷排出自己的精子和卵子

每年三四月份的夜晚，就是珊瑚虫繁殖后代的最佳时机。珊瑚虫们通常会选择一个月圆之夜，在准备妥当后，包裹着精子和卵子的粉色“小球”纷纷出现在珊瑚表面，这是它们和外界的第一次会面。一瞬间，它们争先恐后地脱离母体，向水面上方飘去。不过半个小时，水底又恢复了宁静。珊瑚虫的精子和卵子在水面上聚集。无论是多么微小的生命，从来到这个世界的那一刻，体内的遗传基因就在帮助它们进行着选择；不同群体的珊瑚虫所排放的精子和卵子混在一起，但只有当它们来自不同的珊瑚株时，才会结合，并发育成珊瑚虫幼虫。

透过显微镜，我们发现，凭借特殊的魅力，珊瑚虫幼虫已经成功吸引虫黄藻进入自己的体内。虫黄藻是一种单细胞植物，利用阳光进行光合作用可以为珊瑚虫提供高达 90% 的能源需求和骨骼生长所需的大量氧气。虫黄藻也有丰厚的回报，不仅得到了安全、稳定的居所，还可以从珊瑚虫那里获得光合作用必需的二氧化碳以及氮和磷，这些都是珊瑚虫代谢的产物。

这种完美的共生关系，是造礁珊瑚与虫黄藻所独有的。海洋中还存在着形态优美的软珊瑚和色彩艳丽的柳珊瑚，它们都属于非造礁珊瑚，可以在没有阳光的、低温的、更深的海水中生存，但它们不是伟大的建造者。

携带着虫黄藻的珊瑚虫将一起为营造新的珊瑚礁而努力，所以不论是树枝状、平展状还是花瓣状的珊瑚，都像植物一样向着阳光的方向扩展。光照越好的地方，珊瑚虫生长得越好，比如水平扩展的珊瑚，即使它背光的一面有充裕的空间，珊瑚虫也不会朝这个方向发育。

奔腾不息的海浪，把大量珊瑚碎屑和其他生物的贝壳，推送到礁盘上。新一代的珊瑚虫总是在先辈的坟墓上建造自己的巢穴，慢慢地形成了珊瑚礁，但这种增长极其缓慢，每年仅两厘米左右。每一座珊瑚礁都是珊瑚虫历经无数生命的轮回筑造的奇迹，日积月累，斗转星移，亘古循环。

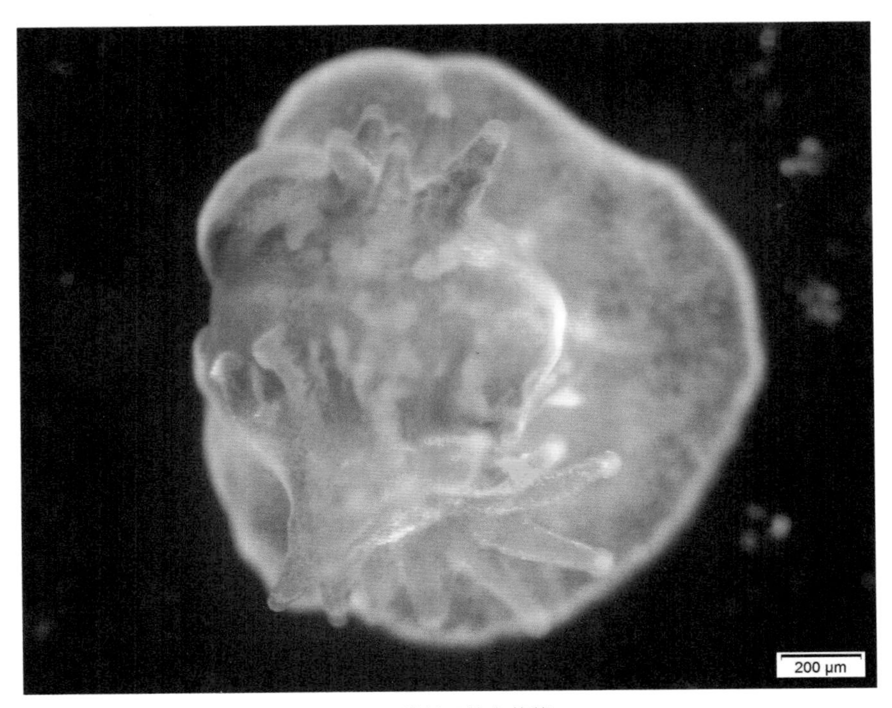

显微镜下的虫黄藻

砗磲是海洋中最大的双壳贝类

珊瑚礁是地球上最富饶的生态系统之一，在这里有各色的居住者。比如海洋中最大的双壳贝类砗磲，它有贝王之称。珊瑚礁还供养着大约三分之一的海洋鱼类。魔鬼炮弹鱼晚上喜欢栖息在礁石的洞穴中，其体色会在蓝色和绿色之间变化。小丑鱼和黄尾副刺尾鱼在珊瑚群间打闹嬉戏。小丑鱼很聪明，它把食物分享给固定在珊瑚上的海葵，从而让海葵接纳它并做它的保护伞。天竺鲷将这里当成了天然育婴室，错综复杂的洞穴可以让成群的天竺鲷幼鱼躲避天敌。石斑鱼一旦有了自己的洞穴，就会定居下来，它只会在日出或日落光线晦暗时才出来捕食。狮子鱼喜欢躲在礁缝中等待猎物靠近，背鳍上的毒刺是它御敌的武器，它是这里的霸主，几乎没有天敌。

魔鬼炮弹鱼晚上喜欢栖息在礁石的洞穴中

小丑鱼躲在海葵中

天竺鲷幼鱼在这里嬉戏

狮子鱼背鳍上的毒刺是它御敌的武器

珊瑚礁里除了常住的居民，还有千里迢迢而来的远客。鳐鱼随着洋流而来，在此做短暂的停留。珊瑚为鱼类提供庇护所，这些房客也为珊瑚带来丰富的食物来源，并且帮助珊瑚打扫卫生。

不过，并不是所有的邻居都这么友好。鹦嘴鱼喜欢以珊瑚为食，它的嘴强劲有力，能够将珊瑚礁啃出一道沟痕，再经过消化把沙子排出体外；但它留下的咬痕较小，珊瑚很快就可以自我修复；如果遇到长棘海星，那珊瑚将只剩下白骨。长棘海星是珊瑚的第一杀手，一岁之前，它是吃珊瑚藻的素食者，但一岁之后便

远道而来的鳐鱼

长棘海星是珊瑚的第一杀手

食性大改，变成肉食者，开始以珊瑚虫为食。长棘海星暴发时，珊瑚将万劫不复。长棘海星也是珊瑚礁的原住民，就像草原上有食草动物一样。对于珊瑚来说，长棘海星不过是大自然食物链上的一环；但因为人类的大量捕捞，长棘海星的天敌大法螺已经难得一见，而自然环境的变化让长棘海星频繁暴发，珊瑚的自我修复也越来越难。

大法螺如今已经难得一见

（二）

来自中国科学院的一个年轻的科学家团队正在这片海域开展珊瑚的生态修复研究。每年清明节前后，是这片海域相对平静的日子，也是科学家最忙碌的时候。张浴阳和他的同事要在夏季台风到来之前完成水下的所有工作，他们要抓紧时间。

在长达 2.5 亿年的演变过程中，珊瑚都保持了顽强的生命力，无论是狂风暴雨、火山爆发，还是海平面的升降，都没能让珊瑚灭绝。但今天，全世界的珊瑚礁都面临生存的危机，科学家们试图找到帮助珊瑚解除危机的办法。为了尽量利用现有的资源，科学家们在海底收集珊瑚的残枝，准备将它们移植到更适合生长的地方。

同期声

张浴阳（中国科学院南海海洋研究所珊瑚课题组成员）：

长棘海星很危险，就是它把西沙的珊瑚吃光的。2007～2008 年的时候最多，每个珊瑚上面有七八只长棘海星，总计可能有几百万只在礁盘上，比正常密度高出了一百倍以上。下水的时候，我就震惊了，珊瑚基本上都死光了，覆盖率低于百分之一。

在茫茫大海，要想找到具体的修复地点，只依靠卫星定位是远远不够的。张浴阳首先跳入水中，以便能准确找到修复点。海水清澈、光照充足、没有巨大的风浪的地方，便是珊瑚生长的理想区域，但是海底覆盖着白沙，珊瑚没有办法固定。科学家们正在尝试采用一种新的方法——在海底搭建珊瑚树。在海底架设树状结构，将从各处收集来的珊瑚断枝固定在这些“树枝”上，使珊瑚的断枝悬浮在海水里，这样珊瑚可以接触到更多的海水和阳光，这对于珊瑚的

海底白化的珊瑚

生长非常有利。

但要在海底固定这样“一棵树”，绝不是一件容易的事。为了固定支架，要在海底钉 40 厘米长、1.8 厘米粗的铁钉，这是一项高难度的技术活儿，也需要超强的体力。平时，一瓶氧气可以使用一个半小时，遇上“海底打锤”这样的力气活儿，一瓶氧气 20 分钟就消耗殆尽了。如果遇到坚硬的珊瑚礁，有时候在海底打一颗铁钉就要花上一小时。

打桩，系好绳结，在浮球的托举下，一个树状结构就做好了，远远看去犹如一片漂浮在半空的树林，这就是为培育珊瑚断枝而营造的临时家园。在更浅一些的海底，科学家们还会架设浮床，在浮床上移植珊瑚断枝。适宜的温度，充足的

海底作业并不容易，尤其是“海底打锤”这样的力气活儿

科学家们在海底搭建的珊瑚树

阳光，只要具备这两样，再小的断枝也可以成活。

经过一年的时间，“树上”和浮床上的珊瑚断枝都长大了不少，但是海藻长得更快，已经覆盖了支架和浮床。如果海藻太多，就会与珊瑚产生竞争，使珊瑚得不到足够的阳光进行光合作用。在珊瑚还没有形成规模之前，没有鱼群帮助它们清理海藻，只能靠人工进行清理。

珊瑚树上海藻密布

这个分布着大量鹿角珊瑚的礁盘边缘已经开始退化

曾经的一片绚丽多彩的珊瑚礁，在遭受长棘海星的扫荡之后，变成了现在的模样。那些已经长到十多厘米的珊瑚，将会被移栽到这里，它们将和这块失去生命力的礁盘逐渐融为一体，并生根发芽。当科学家们面对边缘已经开始退化的、分布着大量鹿角珊瑚的礁盘时，他们会在退化的珊瑚礁上直接打孔，然后将陶瓦片固定在上面，等到繁殖期，珊瑚的幼体就会附着到陶瓦片上。

张浴阳：

这个修复区生长好以后，就可以带动周边的珊瑚生长。珊瑚会排卵，它的幼体就会在附近附着，附着以后再生长成新的一片，逐渐从点到面，这样逐渐就把附近的珊瑚生长质量提升上去。

在中国的南海，分布着二百多个岛、礁、屿、滩，这些地方都有造礁珊瑚的身影。造礁珊瑚在世界上创造了总面积达一千万平方公里的珊瑚礁，因此，珊瑚的人工修复注定无法在这场全世界的珊瑚危机中发挥决定性的作用，只有维护一个健康的海洋生态环境，珊瑚虫才能继续创造地球上这一伟大的工程。

（三）

从南海一路向北，来到中国岛屿最多的东海。这片海水下面的大陆架，是世界上最宽广的大陆架之一，在它的边缘，是最深达两千多米的冲绳海槽，海水的颜色在这里变成了神秘莫测的深蓝色。那里是黑暗统治的世界，阳光在这里彻底消失，生命能在这片海底世界创造奇迹吗？

由于水流湍急，这片水域连渔船也很少光顾。在总吨位达 4800 多吨的科考船上，中国的科学家们将和这台名叫“发现”的水下机器人，探访这个未知的深海世界。“发现”号水下机器人最深能潜到 4500 米，配有先进的超高清摄像系统和 360°转动的机械臂。在超越人类极限的深海，它将代替人类去完成这次探险。

这是一个漫长的旅程，灯光照到的区域之外一片黑暗。这里是否也是一片死寂？终于，“发现”号着陆了，这里是 1460 米深的海底，生命永远会给我们带来

“发现”号水下机器人将代替人类去完成深海探险

1460 米深的海底一片黑暗

惊喜。在水下，每下降 10 米，就会增加一个大气压，即使是一条 20 厘米长的小鱼，在这样的深度也必须得承受近 3000 千克的压力。什么样的生物能承受如此之重？

海绵是世界上结构最简单的多细胞动物，它喜欢把自己固定在有海流经过的海底，从流过身边的海水中获取食物。在海底生存不易，最大限度地减少能耗，是海绵经过几亿年进化得来的生存智慧。海底世界不仅有很多没脑子的海绵，还有“最有头脑”的章鱼，因为它拥有九个大脑。这些零星分布在这片深海的物种，让我们看到了生命的顽强。

当物种以这样密集的形式出现时，它向我们展现的是生命的勃勃生机。层层叠叠出现的黄色贝壳是贻贝，它们通过足丝把自己固定在礁石上。密密麻麻分布着而且还会移动的，是白色的毛瓷蟹，这种有着一对毛茸茸的大螯和六条腿的家伙其实是介于虾和蟹之间的一种生物。毛瓷蟹的胸部和附肢上长着厚厚的毛垫，科学家认为这可以用来培养它们赖以生存的细菌，这些细菌就是它们的食物来源。在贻贝和毛瓷蟹中间慢慢悠悠游动的是全身透明的阿尔文虾，它们也喜欢成群聚集在一起。许多深海动物都是白色或者透明的，这也是为了节省能量，因为制造形成体色的色素也需要耗费能量。这些物种似乎都深知“生命在于静止”这一生存哲学，静静地待着是它们生活的常态。但是它们为什么会聚集在这里呢？

海绵——世界上结构最简单的多细胞动物

和陆地一样，海底有平坦的山谷，也有隆起的山脊，甚至是火山，这种冒着黑烟或白烟的“烟囱”，是渗入地壳的海水与高温的岩浆相遇后再喷出的“热液”，它的温度高达350°C，而且携带大量的金属硫化物，让它的周围变得高温又有剧毒。但这种环境是极端嗜热的古细菌最喜欢的，它们也许是地球原始生命的源起。这

层层叠叠的贻贝

毛瓷蟹拥有一对毛茸茸的大螯

阿尔文虾全身透明，因为制造形成体色的色素需要耗费能量

海底“热液”的温度高达 350℃

些古细菌是生物链上的初级生产者，它们能够通过化能合成作用，将海底喷出的硫化氢等无机物转化成有机物，为周围的生物群落提供了源源不断的能量来源。

此外，这里还有一种透明的溢流，它被称为冷泉；它是寻找天然气的水合物，

“沸腾虾”生活在冷热水混合区

也就是可燃冰的标志物之一；它的温度和周围的海水差不多，但含有甲烷等有机物。正是因为热液和冷泉能提供丰富的有机物，我们才能在海底看到如此丰富的生命形式。

深海海底有一种红色的虾，它生活在冷热水混合区，冷水和热水交融产生的涡流，经常将它带到水温更高的区域，但它们仍能正常生活，所以也被叫作“沸腾虾”；还有一种大型的螃蟹，它属于石蟹类，可能是这个食物链中的捕食者，且很可能是以贻贝和毛瓷蟹为食，其强壮的大螯可以轻松地夹碎贻贝的贝壳。

对于这些深海的物种，人类对它们的了解非常有限，所以科学家需要采集一些样本回去研究。而对于这些深海物种自身来说，它们是自诞生以来，第一次面

科学家们在海底采集生物样本

对犹如天外来客一般的水下机器人。那些把自己固定在海底的物种，只能束手就擒，机械臂通过采用不同的方式，可以顺利把它们拿下；而对于那些行动敏捷的，我们就只能看着它们逃之夭夭了。

深海，可能是地球生命的起源之地。这次深海旅行，让我们见识了一个生机勃勃的海底世界。这些在海底极端环境中生存的超级物种，也许将为我们解开生命起源的谜团，为地球未来的发展提供更多选择。

（四）

距离和深度让人类对深海的探索才刚刚开始，但是靠近陆地的近海，不仅是很多千里之外的内陆居民过冬的福地，也是沿海居民千百年来不断经营的牧场和良田。

每年 11 月，生活在寒冷的西伯利亚和中国新疆、内蒙古的大天鹅都会来到中国黄海这片天然纳潮潟湖过冬。这里是中国空气质量和海水质量最好的地区之一，也是亚洲最大的天鹅越冬栖息地。暖温带海洋季风气候，让这一片平均水深约为两米的湖很少结冰。吸引大天鹅不远千里飞来的，还有这片浅水中丰富的食物。

胶东半岛的潟湖是亚洲最大的天鹅冬季栖息地

大天鹅可以在这里度过冬天，为来年的北归繁殖积蓄体力。而让大天鹅能够顺利越冬的食物，是起源于陆地的一种被子植物——海草。

海草在中国黄海靠近陆地的海水中完成开花、结果以及萌发，创造了一片延绵的海底草原，形成了世界上最高产的水生生态系统之一。海草通过光合作用吸收二氧化碳释放氧气，它长长的叶子能够让海水中的悬浮物沉淀下来，从而净化海水，滋养生物。海草和附生在它身上的细菌、真菌和藻类一起，成为海洋初级生产力的主要贡献者。

一条刚三个月大的海鲈鱼游荡在海草丛中，海草中大量的浮游生物，为它提供了丰富的饵料。茂密的海草还可以将大鱼挡在外面，让小海鲈鱼在这里度过一个无忧无虑的童年。海参和鲍鱼也喜欢在布满海草的海底觅食，海草的碎屑能够为它们提供成长所必需的微量元素。海草是海洋众多食物网的基础，也是连接海洋和陆地的纽带。

就像陆地上的草原会经历一岁一枯荣，海底草原也是如此。秋天，海草开始枯萎，脱落的海草被海浪冲到岸边。采集海草成为这个季节胶东半岛一些村民最主要的工作，因为这些枯萎的海草是当地民居特殊的建筑材料。如今这种自然资源显得越来越珍贵，价格也是水涨船高。

这种用海草搭建房顶的民居叫海草房，是胶东半岛特有的生态民居。这些就地取材盖起来的老房子，很多都有着上百年的历史，如今依然冬暖夏凉。海草中含有大量的卤和胶质，晒干之后能防虫蛀、抗腐蚀，用它做的屋顶经久耐用，几十年也不坏不漏。

捞上来的海草需要经过反复的晾晒才能成为盖海草房的原材料。每隔半天，就必须把晾晒场里的海草翻一次，否则这些海草就会发霉。经阳光照晒，海草

海草为海鲈鱼提供了一个天然屏障

海草房是胶东半岛特有的生态民居

表面会形成一层盐霜，在经过多次翻晒后，这些盐霜会自动脱落。

经过反复晾晒，海草终于成为可以用来盖海草房的建筑材料。这片海域生长的海草以量大质优闻名，因为海草越来越少，盖海草房变得十分昂贵。海草房的屋顶最厚处达 4 米，建造一座海草房需要约 5000 千克的海草。现在，海草房从普通民居变成只有旅游区才能盖得起的度假小屋。

中科院海洋所的科学家们移栽海草

天鹅湖因为地势较低，水底沉积物较多，所以海草生长茂盛。中科院海洋所的科学家们每隔一个月就要过来采集一次海草样本。他们尝试把这种本地的优势种移栽到那些海草已经退化的地方，希望这些海底荒漠能变成海底草原。移栽本地物种不仅无须考虑适应新环境的问题，还可以避免引种外来物种可能产生的入侵问题。在去年移栽过的地方，已经长出新的海草。科学家们还将一部分海草的种子收集起来。他们在实验室里将海草种子从植株里剥离出来，希望能人工培育出幼苗，这样才能更快地推动海草场的修复；因为，海草场的退化带来的生态影响已经开始显现。

同期声

林波（黄山村渔民）：

我们村捞海蜇，老人说早先都是用木筏子出去打的。从几根木头绑在一块那时候开始，一直到现在。

（五）

潮水正在慢慢上涨，十多条渔船静静地停靠在码头，等到潮水快要涨到最高处时的时候，就是它们出发的时候。林波是崂山东麓黄山村的渔民，只不过他们捕捞的不是鱼，而是水母。

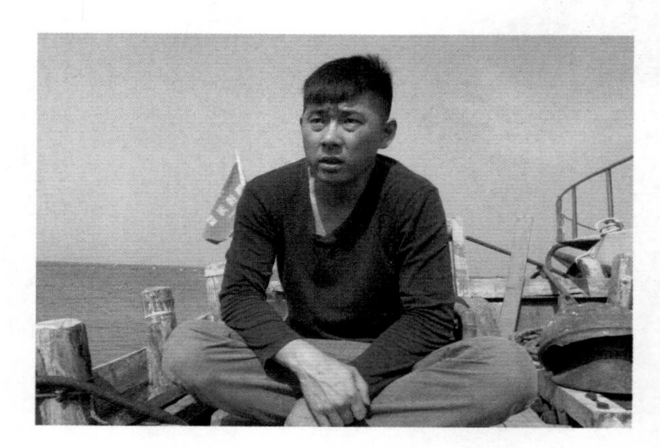

渔民们出发捕捞水母

将事先布好的网拉起，挂在上面的水母就浮了上来。这种水母叫作沙海蜇，是世界上体形最大的水母之一；它们最长能达到两到三米，最重可达二百多千克；

它们是贪婪的捕食者，一天之内可以吃光一个大型游泳池里的浮游生物。而且它们没有大脑，不知道饥饱，一生都在进食，除了浮游生物，它们还吃小鱼小虾甚至同类；所以水母暴发的地方，鱼类几乎没有生存的机会。不到三十分钟，一艘船就装满了。因为水母不同的部位有不同的用途，所以渔民将其打捞上来后会马上对它进行处理。把水母打捞上来进行加工，减轻了水母暴发的危害；但是如果

水母不同的部位有不同的用途，渔民将其打捞上来后就开始进行处理与加工

把它们杀死再扔回海里，则会加速卵和精子的释放，繁殖出更多的后代。

水母在地球上出现的时间比恐龙还要早，早在6.5亿年前它们就存在了，它们曾经是海洋的霸主，虽然经历过几次生物大灭绝，但它们都存活了下来。全世界至少有十四片海域经常发生水母暴发的情况，其中包括黑海、地中海、美国夏威夷沿岸、墨西哥湾、日本海和中国的渤海和黄海。一般情况下，在我国大概每隔二十年水母才会暴发一次，但在过去五年内，水母每年都会暴发。

7月，中国黄海正处于休渔期，这是为了保护海洋渔业资源，政府强制采取的措施。经过特殊批准的科考船出海了，科学家们正在开展一项叫作“水母计划”的研究，希望把水母作为一种载体，通过对水母的研究，弄明白整个中国近海的生态系统发生了什么变化，未来会怎么变化。

对野生环境下的水母进行跟踪观测并不容易。现在的仪器能探测到4000米深

处的鱼，但对水下的水母却无计可施。因为水母的整个身体含水量很高，而且是半透明的，所以无论是声学还是光学的仪器都很难准确探测到它们。

研究人员因此用渔网捕捞以及肉眼观察等原始手段对水母的情况进行评估。

水螅体具有惊人的繁殖能力

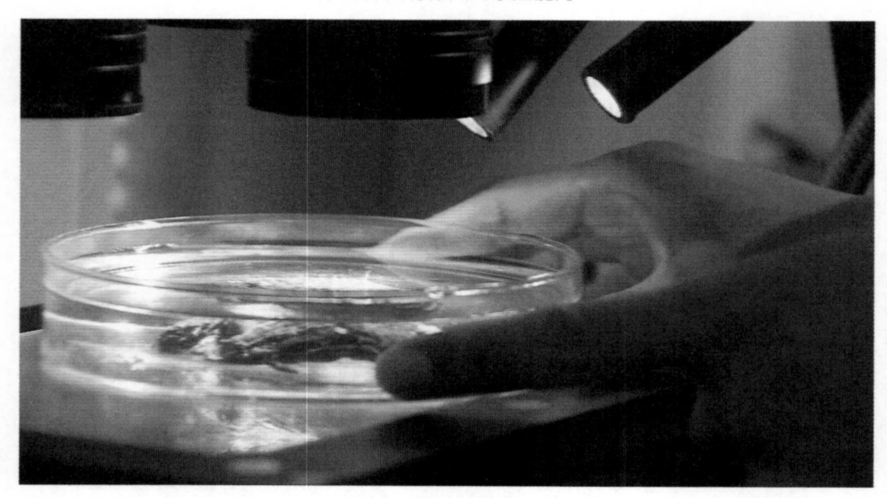

科学家们借助显微镜观察水母的水螅体

同期声

孙松（中科院海洋所研究员）：

水螅体它有自己的生活方式，只有一些水螅体可以横裂变成水母体，所以它在水底下形成新的水螅体还是产生水母体，温度非常关键。

半个小时后，拖网被拉了上来，网上几乎全是水母，很少看到大鱼。在接下来的几个站点，情况大致相同。水母多的地方，只有少量的鱼和螃蟹；水母少的地方，鱼虾蟹才会多一些。

这些水母体的寿命不过几个月，天气一旦转凉就会死去。是什么让它们在近几年连续暴发？科学家们试图要找到答案，于是他们将关注点放到了水螅体上。

水螅体是水母的幼体，个头非常小，在水下用肉眼很难看清，在长大之前的很长一段时间，它们都附着在礁石上。水螅体具有非常强大的耐受能力，不仅能忍受饥饿和缺氧的环境，而且它们形成的足囊可在水下休眠达 40 年之久，以等待适合的时机暴发。

科学家们发现，水螅体具有惊人的繁殖能力，它们可以进行无性繁殖。科学家们将由受精卵发育而成的水螅体附着在一小块岩石上，过了一段时间，它就分裂出许多个微小的水母体，这种无性繁殖的方式，足以让最初的十万个受精卵最后演变成几十亿个水螅体，最终水母的数量会达到数百亿个。

在自然界，任何物种都有天敌，它们互相制约，但又共生共存。任何一个物种的过度强大或者衰退都会带来生态问题甚至是生态灾难，只有一个稳定、完整的生态系统，一个健康的海洋环境，才能让各个物种各安其位、和谐共存。

(六)

春天，对于耕耘土地的农民来说是播种的季节，但是对于耕耘海洋的渔民来说，是收获的日子。全世界 80% 的海带都产自中国，而位于黄海西侧的桑沟湾是中国出产优质海带的地方。

海带这种生长在低温海底的海藻类植物，并不是中国的本地物种，但它是这里人工养殖最成功的“海洋蔬菜”。海带属于低等植物，通常只有一个叶状体和起固定作用的假根。渔民将长在海底的假根绑在水面的绳子上，这样可以让海带更多地接触到阳光，从而更好地进行光合作用。倒立生长让海带的叶片宽大、肥厚，而且营养价值更高。

渔民们这段时间每天都要出海，因为海带大部分时间生活在 15℃以下的低温海水中，一旦海水温度升高，叶片就容易腐烂，所以必须要赶在 6 月底之前将海带收完。由于水面下方都是系着海带的绳子，所以进入养殖区都要换成小船，靠

渔民出海收获海带

渔民将长在海底的假根绑在水面的绳子上，让海带更好地进行光合作用

浮球下是和海带一起生长的扇贝

采捕上来的海参要进行挑拣

手摇的方式到达作业地点。

在浮球下，和海带一起生长的还有扇贝。贝类有着极强的过滤浮游生物和颗粒物的能力，可以净化海水。海带通过光合作用吸收二氧化碳，释放出贝类生长不可或缺的氧气，贝类排泄在海水里的氮和磷，又是海带生长需要的养料。这个人工搭配的组合让这片海上良田实现了生态平衡。

很快，船上就堆满了新鲜的海带。一船又一船的海带被运上岸，它们将会经过晾晒，在阳光的加工下变成可以长久保存的“海洋蔬菜”。

海洋是人类最宝贵的食品库。不同于陆地上的春华秋实，只要人类懂得节制，海洋一年四季都可以提供优质的食品，即便是在寒冷的冬天。

大雪节气，位于黄海北端的獐子岛迎来了海参的采捕季节。海参是海洋的活化石，已经在地球上生存了六亿年。这种管状的无脊椎动物，没有防身的武器，也没有高超的游泳技巧，只能在海底以比蜗牛还慢的速度蠕动，以海底表层的沉积物为食，却把自己养成了优质蛋白质的载体。

王波做潜水员采捕海参已经七年了，现在是他一年中最忙的时候，每天他要下潜十多次。海水温度只有七八度，所以在潜水衣里面必须要套很厚的毛衣。

波涛汹涌的海面下，野生海参为了度过漫长的冬天已经储存了足够的养分。

与陆地上的动物选择冬眠类似，海参选择在夏季进行“休眠”。它们钻到礁石下面或者石缝中躲起来，不吃不喝一直等到海水温度变成大约 15°C时，才开始慢慢爬出来觅食。海水温度越低，海参活动越频繁，身体也越健壮。这时的海参肉质肥美、营养丰富，是采捕与食用的最佳时机。用王波的话来说，就是“海参熟了”。

这是一项需要技巧、同时也充满风险的工作。为了防止发生意外，一般都是两人一组。他们一般按照“S”形路线前进，这样可以在尽可能大的区域寻找海参。此外，水下作业时要特别注意礁石和海胆，因为它们可能会扎破潜水衣。

采捕海参看上去非常容易，似乎潜水员只要在尽可能短的时间内把筐子填满即可。然而真正的危险往往发生在从二十多米深的海底返回水面的过程中。因为压力急剧变化，潜水员必须要控制好速度，如果太快，就会伤及肺泡。特别是遇到意外时，更是考验潜水员的应变能力。

王波满载而归，他的同伴要对收获的海参进行挑拣。只有长 30 厘米以上的海参才会被留下，其他的都会被扔回大海，让它们继续生长。换了一罐氧气后，王波又下海了。随着海水温度越来越低，水中的营养物质也越来越少，獐子岛的海参捕捞也即将进入尾声。

面对海洋，人类无法获得陆地上的亲近感，但是只要我们懂得有节制地索取，维护物种间微妙的平衡，让海洋保持健康的系统环境，深不可测的大海就永远是美丽而且富饶的宝库，将不断给予我们惊喜。

同期声

王波（潜水员）：

下到水底下突然瓶子没有气了，只能打脚蹼慢点上。喝一口海水上一点，喝一口海水上一点，一点一点上来。不能上来太快了，上来快了肺容易撕裂。

森
FORESTS
林

森林

森林是地球陆地上最大的生态系统，具有最强大的生产力。辽阔的国土让中国拥有类型丰富的森林，许多珍稀的物种在这里上演着生存的奇迹。

（一）

青藏高原的隆起和来自东部的季风，塑造了今天地球上这种最独特的自然景观——喀斯特地貌：它是地球上最贫瘠的生境之一，但在中国南方却奇迹般地拥有世界上面积最大的喀斯特原始森林；它拥有丰沛的水量，但又极度干旱；它的土壤贫瘠，很多植物需要长出发达的根系，从而在石缝中汲取营养，但这里也生长着世界上最大的秃杉树——亚洲长得最高的树种。这片森林既贫瘠，又丰富。生活在中国喀斯特森林里的所有生物，在与干旱和贫瘠的对抗中，呈现出令人不可思议的生命力。

喀斯特森林中花朵不多，为了争夺优质蜜源，当地的物种要各显神通。玉斑凤蝶发现了一朵饱含花蜜的芭蕉花。它拥有像吸管一样的细长的口器，能吃到花

世界上面积最大的喀斯特原始森林

朵深处的花蜜。但这森林中宝贵的蜜源，马上就将引来一场激烈的争夺。

果然，玉斑凤蝶刚吃了几口，就被闻香而来的马蜂赶跑了。一只叉尾太阳鸟飞来，也要分一杯羹，但是它很谨慎。马蜂死死地守着它的宝库。叉尾太阳鸟在寻找合适的机会。在这场争夺芭蕉花的对抗中，体形大似乎成了弱点。马蜂凭借体形小的优势可以无限接近花蜜。叉尾太阳鸟不断尝试几处不同的位置，但都不能突破马蜂的严防死守，不得不飞到旁边的花瓣上，等待时机。但大体量再次成为了弱点。叉尾太阳鸟最后只能认输放弃。

叉尾太阳鸟闻香而来

喀斯特地貌的石山上没有水源，谷底的河流是很多森林居民的水源地，因此，这里也容易成为争夺与杀戮的战场。红尾水鸲逐水而居，它们的鸣声清脆，与流水声相映成趣；它们喜欢在水边停歇，不停扇动红色的尾翼，显得轻盈、可爱；但其实，它是一个身手凌厉的昆虫杀手。一只蝴蝶刚刚落在水面，就立刻被它虏获上岸。一个生命如何面对另外一个生命，这就是大自然的哲学。

除了直接的杀戮，大自然的手段还有很多，比如威胁与恐吓。

红尾水鸲喜欢在水边停歇

生活在麻阳河两侧山峰上的黑叶猴需要重新界定水源地的主权归属。一侧的猴群派出先锋部队，来到河中间的石头上，但它似乎也并不想再往前走。对面的猴王发现了敌情，它从树上一跃而下，直奔对岸的先锋部队。先锋部队也不恋战，迅速撤退。这时，先锋部队的大王赶来增援，它停在河中心的石头上，竖起长尾，宣示主权的界线。对岸的猴王发出号令，它的猴群开始向河中心逼近，双方各自守住河岸，形成对峙。在猴王的号令下，它身后的猴群在树林里为自己的猴王摇旗呐喊，以壮声势。前来挑衅的猴王选择了撤退，很快警戒解除，一次关于水源地界线的确认就此告一段落。

这片喀斯特森林中生活着全球最大的黑叶猴种群。朋克的发型和白色的“过脸胡”是它们的标志。这是一种只生活在喀斯特地貌的树栖叶猴。为了每天身体必需的二百多毫升的水分，黑叶猴把栖息地选在河边；人类以及其他天敌难以攀爬的绝壁与岩穴，正好可以让它们安全度日；岩壁上方生长的树林，则是它们取之不竭的食物来源。黑叶猴优异的跳跃攀援的本领让它们在茂密的喀斯特森林中畅行无阻。

黑叶猴往往都是在猴王的统领下建立族群。王位意味着交配权和资源优先占有，也意味着时刻被挑战的危险。盛夏的正午，猴王和它的妻妾陆续开始休息，它还安排了哨猴担任警戒。聒噪的蝉鸣和正午的阳光让睡意不断袭来，虽然哨猴很想打起精神坚守岗位，但实在是太困了。精明的猴王不得不增派了哨猴加强防御。

黑叶猴在树上侦查

朋克的发型和白色的“过脸胡”是黑叶猴的标志

猴王如此谨小慎微，是因为它不仅要提防外来族群的入侵，更要提防族群内部的挑战者。

果然，一只不安分的雄猴向猴王发起挑衅。它被迅速赶跑了。但猴群中开始弥漫一股躁动的气氛。又一只雄猴向猴王发起挑战。也失败了。猴王用这样的方式宣示它的威权。但挑战者并没有跑远，而是躲在树丛中等待机会。猴群开始挪动位置。挑战者来到树冠，静观猴群的行动。当殿后的猴王来到树冠时，挑战者再次发起了攻击。这一次，挑战者偷袭成功，它将猴王追打到了树下。猴王的妻子紧张地目睹着这一切。落荒而逃的猴王浑身是伤，猴王的妻子上前抚慰失去王位的丈夫，很想追随它而去，但这也许是它们最后的相处时光了。

挑战者如愿以偿当上了王，开始在崖壁上开拓自己的领地。新猴王是绝对不允许失败者还拥有交配权的。在冷雨中，老猴王与最后追随自己的妻妾彼此相望，而今它们之间已是咫尺天涯。失败者只能黯然离去，这也是原猴王留给它曾经的王国最后的背影。

黑叶猴是这片喀斯特森林树冠层的霸主，茂密的林下灌丛，则是珍稀鸟类白鹇的栖身之所。喀斯特密林中，树枝、藤蔓、野草纵横交错，成为不善飞行的白鹇抵御天敌的屏障；而经过碳酸盐岩过滤的山泉，则给白鹇提供了纯净的水源。

猴王的妻子抚慰失去王位的丈夫

白鹇族群内有严格的等级区分

白鹇也是通过严格的等级来维系族群生活的。族群中最美丽的雄鸟往往就是首领，它拥有族群内所有的成年雌鸟。成年雌鸟需要承担养育下一代的重任，能让自己与环境融为一体的保护色是更安全的演化选择。族群首领和成年雌鸟拥有优先进食的特权。两岁以上的非“头目”雄鸟屈居“二等公民”，但它们会时不时挑战“头目”的权威，进而替补它的位置。两岁以下的幼年雄鸟，是“三等公民”。一岁以下的幼年雌鸟，是最后进食的倒霉蛋。这样的进食顺序，保证族群的最强者和它的伴侣能获得足够的营养，能繁衍出最多、最健壮的后代，进而促进整个种群的壮大。

秋天，两只小黑叶猴出生了，它们的降生，意味着春季发生过猴王更替，上演过杀婴悲剧，母猴重新受孕，才在秋季为新猴王新添了两个孩子。刚出生的小黑叶猴通体金色。母猴将幼猴藏在怀里，警惕着周围的变化，生怕天敌偷袭自己的孩子。新猴王这时也表现出极大的耐心，它和妻儿待在一起，随时保护着它们的安全。这时候的猴群，是一个温暖的大家庭，抚育幼猴是所有雌性黑叶猴共同的职责。

渐渐地，幼猴的毛色开始变黑，首先是尾巴，然后是背部，就像是金色猴子穿上了一件黑马甲。此时，幼猴开始变得不安分，它想挣脱母亲的怀抱，自己去

黑叶猴幼猴的毛色金黄，随着成长不断变黑

探索这片神奇的森林。可是母猴不肯撒手，现在还没到时候。等到它们通体变黑，可以自己在岩壁上攀爬，当它们不再吃母乳，开始尝试树叶的滋味，当它们在与兄弟的玩耍中学会打斗——它们就在成为王者的道路上开始了自己的征途。

多年来，黑叶猴群已经和人类达成了默契：公路下方的峡谷森林是猴子的领地，公路周边的平坦坝子是人类的领地。但是随着黑叶猴种群数量的扩大，加之人类对它们保护力度的加大，猴群开始越界，进入人类的领地。黑叶猴非常谨慎，连人类的牲畜也要躲让，不过它们似乎并不怕人。

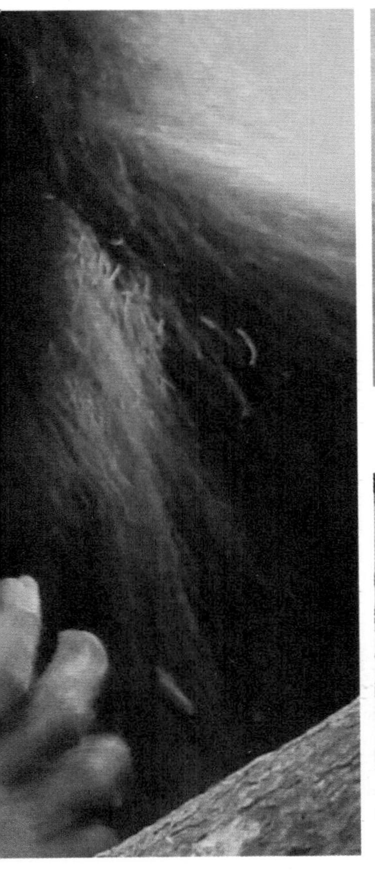

黑叶猴在人类的领地玩耍

黑叶猴在庄稼地“品尝”红薯的美味

人类的建筑成了小黑叶猴的游乐场，但这不是它们来到村庄的原因，它们的目标是村民们的庄稼地。黑叶猴深谙与人类的共生之道。它们先派出哨猴观察是否有村民或看家狗活动，一旦确认安全，便开始行动。这些黑叶猴挖红薯的技术娴熟，一看就知道它们是这里的常客，但它们也懂得见好就收。在偷与被偷中，黑叶猴与人类已经达成了默契，这也许就是黑叶猴能在这片喀斯特森林中繁衍成世界上最大种群的原因吧。

（二）

秦岭是贯穿中国中部、东西走向的山脉，是中国南北的分界线，它的东端山势较为平缓，因为地处北亚热带和暖温带的过渡带，物种丰富，所以这片森林也成为一种珍稀鸟类摆脱灭绝危险的希望。

朱鹮在 20 世纪几乎已经消失。这座山上的森林曾庇护了全世界仅存的七只朱鹮，如今，人工繁殖的朱鹮开始在这片森林学习如何繁育下一代。春夏之交，两只今年出生的小朱鹮在亲鸟精心搭筑的巢内，已经吃喝拉撒睡了一个多月。小哥俩的身形大小都已经快赶上它们的爸妈了。

很明显，哥俩在窝里已经伸展不开了。哥哥决定到窝外待着，看来它已经不是第一次外出了。哥哥站在树枝上，感觉明显比站在窝里舒服，它不时换个腿休息，再伸个懒腰。弟弟有些心动，也想去外面站一站，但最终还是放弃了。就这样，哥哥在窝外伸展身体，加油锻炼。弟弟则继续留在窝里，用喙部探索世界；这是它们与生俱来的天性，也是在为以后的觅食做练习。哥哥决定督促一下弟弟，

小朱鹮兄弟俩在巢中

它要给弟弟做个好榜样。弟弟受到了鼓舞，哥哥赶紧再做示范，但弟弟还是没有下定决心。

不远处的电线杆上，朱鹮妈妈正在观察兄弟俩的动向。它的脚上佩戴着标志环，这表明它是在离这里不远的人工繁殖基地出生的。

朱鹮妈妈在不远处守护着兄弟俩

已经在窝边的树枝上行走自如的哥哥，开始对更远的地方产生了好奇。弟弟看着哥哥又走远了，一着急，竟然走出了窝。它走得小心翼翼——在树枝上行走，还得慢慢来。

不远处的水田中，农民正在忙碌

离朱鹮的巢不远的山脚下，是一个小村庄。暮春，小麦已经成熟，水田里的人们也开始春耕。水牛、拖拉机正在犁地，这是为插秧做准备。稻田，不仅为村民提供了主粮，也成为很多鸟类觅食的福地。

喜鹊已经跃跃欲试，因为藏在泥土里的美食已经被翻了出来，让这群嘴不够长的家伙也有了机会。插秧的农夫上场后，水牛开始休息。水牛的待遇明显要高过拖拉机，因为有八哥跑来给它当“服务员”：掏个耳朵，抓个痒痒，这让水牛很享受。八哥估计也在水牛身上饱餐了一顿，满意而去。它们一看就是老搭档，很有默契。

食物丰富的水田，是朱鹮还有很多鸟类的食品库。但能吃到什么，就得看各自的本领了。小白鹭和朱鹮都是大长腿，可以在水较深的地方觅食；喜鹊腿短、嘴也短，只能贴着水面飞行来寻找猎物；八哥干脆就扎在田埂边，寻找它们爱吃的田螺。

这时候的小白鹭幼鸟已经可以飞行了，它们跟着父母在水田里学习怎么自己找食物。今年刚出生的喜鹊也跟着妈妈来到水田，但是它们还需要喂。朱鹮则没有带它的孩子过来，它要尽可能地吃下更多的食物，然后回家喂还不能离巢的幼鸟。曾经一度被认为已经灭绝的朱鹮，显然非常适应村庄的生活环境。来自人类活动

小白鹭带着孩子来水田觅食

的各种声音完全没有影响它的食欲，和早已被人驯化的雉类一起觅食也相安无事。水田里的食物真的很多，直到实在是吃不下了，朱鹮才飞走。

朱鹮爸爸和妈妈先后飞回来了。爸爸在窝外陪着哥哥，妈妈回到窝里喂弟弟。弟弟需要多吃点才有力气，因为吃完就要开始练习了。天才蒙蒙亮，小兄弟俩就已经开始晨练了。它们进步很快，已经可以在相邻的树枝间移动了，但是还需要更多的练习才能逐渐掌握飞行的技巧。对于朱鹮父母来说，这就是一个循循善诱的教学过程，诱饵当然就是父母藏在嗉囊里的半消化的食物了。

哥哥开始慢慢向树枝的边缘探索，长长的喙部是它探索世界的工具。树枝越来越细，哥哥开始走得有些摇摇晃晃，但是它已经知道用翅膀来保持平衡。不知道松树末端的细枝能否支撑得住已经和成年朱鹮差不多大的哥哥。朱鹮爸爸觉得有点危险，赶紧飞了过来。也许是过来示警，但也许是在鼓励哥哥试飞。朱鹮爸爸飞回来做了一个标准的飞行示范，果然，哥哥在爸爸的鼓励下，终于勇敢地起飞了。爸爸悄悄地跟在它的身后，为它的第一次飞行保驾护航。

此后，家里就经常只剩下朱鹮弟弟自己了。练习时，弟弟仍然有些害怕，妈妈有意识地往树枝边缘引导它，但它还是没有跟上。虽然有时候弟弟也会练习，但是更多的时候它都独自待着，无论是在风中还是雨中；不过它已经能够在邻近

朱鹮父母飞回树上给兄弟俩喂食

朱鹮弟弟在树枝上不淡定了

的树之间移动了。

自从那天从松树边缘试飞成功，哥哥已经找到了飞行的窍门；但它现在飞得还不太远，最远也就飞到它出生的小窝旁边的林中小屋。于是，父母与孩子之间的游戏又开始了……有时候朱鹮爸爸也会用点狠招，用驱赶的方式逼迫孩子练习飞行；哥哥有了这次教训后，明显就乖多了。

一阵大风把在树枝上睡觉的弟弟给惊醒了，爸爸妈妈还有哥哥都回来了。爸爸故意先去喂哥哥，看见哥哥都已经吃上了，弟弟在犹豫要不要飞过去。爸爸飞过来，呼唤弟弟，弟弟假装不理，于是爸爸假装飞走了。这回弟弟有点着急了，其实爸爸没有飞远，就落在不远处。弟弟有些不淡定了，妈妈飞了过来，弟弟这回主动靠近，求妈妈喂食。妈妈在耐心地诱导着弟弟，弟弟也在慢慢努力。终于，弟弟成功飞上了天空。

于是，森林的上空开始成为小哥俩新的练习场，它们要在剩下的两个月中努力练习翅膀的力量，并学会有效地控制它。只有这样，它们才能准确地控制起飞和降落，躲避突然出现的猛禽，并且在 7 月完全离开出生的鸟巢和巢区，开始独立生活。

（三）

从中国中部一直往北，来到中国的东北部，这里是北半球自然状态保持最好的温带地区，拥有丰富的生物多样性。红豆杉、云杉和偃松等植物是这片针阔叶混交林最珍贵的树种。一棵高达 40 米的红豆杉，已经在这里生长了近千年。此外，这里还是东北虎和远东豹最后的家园。

秋天，是人们被允许进入这片原始森林唯一的季节。村民们进入森林采集成熟的红松塔，这是森林的馈赠。红松是这里绝对的主角，温带的气候让它必须经历漫长的生长周期，三十年才会开花结果，再经过两年，果实才会成熟，所以全中国最好的红松子就产自这里。

连绵的阴雨天气，让今年成为松塔成熟的小年，也阻碍了人们进山的脚步。等到雨小之后，村民们带上简单的装备，准备开工。这是一项需要经验、体力和技巧的精细活儿。首先，他们必须判断出哪棵树上的松塔已经成熟，否则后面的一切努力都将白费。其次，他们还要尽量找到那些结有多个松塔的红松，因为每一次采摘都是一次冒险。

中国东北部的针阔叶混交林

人们进入森林采集红松塔

接下来的挑战是爬上二十多米高的树干。他们唯一的工具就是这副戴在脚上的镫子。当然，他们还需要一双慧眼，能够在枝叶繁茂的松枝间发现松塔。松塔采集到手后，需要和地面的伙伴默契配合，否则从二十多米高的树枝上扔下来的松塔很可能成为伤人的武器。

有节制地索取，与森林里的居民分享自然的馈赠，这是森林里的生存法则，只有这样，收获的日子才能连年持续。四五麻袋的松果就是一天的全部收获。采摘季才刚刚开始，在今后的一个月，他们都将在森林中过上一段与世隔绝的生活。

要爬上二十多米高的红松可不是件简单的事

他们爬树的工具很简陋

这些松塔将会被送到森林以外的加工厂，在那里，松塔经过分离、清洗、烘干和挑选，将被制作成精美的商品，辗转运到各个城市。更多的人将品尝到来自红松林的味道。 而遗留在森林中的松塔将成为小型动物们过冬的粮食，它们会为红松传播种子，传续生命。

同期声

村民：

今年松果收成不怎么好，结得不多，一棵树上才打下来四个松塔。山太大了，只打了一小部分，剩下的就留在山里了。只有两三个松塔的树都没有打，留给动物吃了。

（四）

秋天转眼就过去了，一场大雪预告着冬天来了。雪积得很厚，许多树木的枝条因此折断，但是红松塔状的枝干让它能够避免白雪堆积带来的枝干折损。小红松还没有成形，但是富有韧性的树干让它们能承受积雪的压力并安全过冬，等到积雪融化，小红松将恢复挺拔。

森林里的小路也被白雪覆盖，这些浅浅的脚印，是出来觅食的鹿和狍子留下的痕迹。野猪们也不得不进入森林深处寻找食物，甚至连刚出生不久的小野猪也要学着自力更生。野猪的长鼻子是它寻找食物的重要工具，灵敏的嗅觉能够帮助野猪找到被积雪深深覆盖的食物。当食物被准确定位，长鼻子还是一个很好的刨

雪后的森林一片静谧

地的工具。秋天的果实成了森林里的动物们得以度过寒冬的最珍贵的食物。

冬季，也是巡护员最忙碌的季节。今年大荒沟林场来了两个年轻的巡护员。老闫是他们的队长，他守护这片森林已经近二十年了。他们在收拾巡山的装备，准备今年冬季的第一次巡山。对于巡护员来说，要想保证这片林子的安全，首先要保证自己的安全。同时，他们还需要完成很多具体工作。

巡山的核心任务就是保护东北虎最后的家园。装备准备停当，老闫带领巡护队出发了。森林里面的积雪很厚，到了车子进不去的地方，老闫他们就必须要靠双脚完成巡山的任务，他们平均每天要在积雪的山路上行走至少 10 公里。

第一个目的地是林场中的人工补饲点。随着天气越来越冷，森林里的狍子和

被积雪压弯了腰的小红松

雪地上有狍子留下的足迹

学着自力更生的小野猪

鹿等有蹄类动物的觅食也变得越来越困难。为了保证它们能够顺利过冬，巡护队定期为它们补充玉米和盐块。

观察和记录补饲点周围有蹄类动物的活动痕迹，也会为了解森林里有蹄类动物的情况提供很多信息。如今这里已经成为有蹄类动物越冬的救助站，而它们的数量直接决定了位于这个森林食物链顶端的东北虎和远东豹能否生存。目前的情况依旧不太乐观。

为了增加森林里有蹄类动物的数量，将人工饲养的鹿群进行野放，成为一种新的尝试。到饭点了，鹿群纷纷围在食槽边。这些鹿身上所做的特有的标记，将是日后观察野放效果的重要线索。

母鹿们吃饱喝足后就集成小群在鹿场里散步，现在它们已经进入对野外环境的适应性训练中。幸好，人工饲养条件下充足的食物并没有减弱它们与生俱来的敏感，稍有风吹草动，机警的鹿群就开始逃离。

对于公鹿来说，现在努力进食以积蓄体力显得更为重要，因为这样才能尽快长出鹿角。春天野放后，公鹿将会面临更多危险，而只有强者才能争夺到交配权，鹿角是它御敌制胜的重要武器。鹿群能否顺利适应野外生活，并在这片森林里繁

巡护队的老闫在指导队员使用装备

衍生息，将关系到东北虎和远东豹能否在这片森林中安家。

老闫带着年轻的巡护员来到曾经有东北虎出没的监测点查看红外相机。红外相机捕捉到了东北虎的身影，这也印证了科学家们的推测，东北虎正在这片原始森林由东向西北扩散。

即便是顶级生物，冬天也是一个难挨的季节。风雪让地面上猎物的痕迹和气味都变得若隐若现，低温和降雪让东北虎需要更多的能量来抵御寒冷。面对大自然的考验，森林里的居民们都感到同样艰难。一般来说，东北虎是独行侠，不会和同类分享领地，但是寒冬让它不得不冒险进入这片陌生的区域。突然，它放慢了脚步，似乎有什么发现。冬天的森林没有任何遮蔽，森林里的其他动物会对它的到来迅速做出反应。因此，即使东北虎奋力一搏，也只能前功尽弃，它还

同期声

闫志强（大荒沟林场巡护队队长）：

巡山的装备有救生包、信号弹，有危险的时候就放了它。

这是测量老虎步距专用的足迹尺；相机是必须有的；还有上补饲点做记录用的工具；望远镜用来在山上看看哪儿有老虎。全套的装备都在这儿了。

老闫带着队员们出发了

需要再次寻找机会。

东北虎数量的增加对巡护队队员来说是个好消息，因为他们的工作就是维护这片森林的生物多样性，保证老虎有足够大的栖息地。同时，他们还要保证这片森林的安全，清除猎套就是他们的重点任务之一。老闫在林间的兽道上发现了狍子的足迹，经验告诉他，偷猎分子可能会在周围布下陷阱。

在足迹尽头的灌木丛，老闫发现了一个隐藏的猎套，要不是老闫带着，巡护队队员很可能会错过。猎套附近有狍子吃的食物，偷猎者找稍高一点的树，在分枝顶上绑上猎套，狍子一过去就会被套子套住。幸运的是，猎套完好无损，说明没有动物落入陷阱。此外，这个套子已经好多年了，没有什么危害了，但是巡护队也要解除它。清除一个猎套，就是挽救一个生命。

在这片森林中，一个监测网络正在成形。科学分布的红外相机 24 小时观察着

巡护队要为森林中的有蹄类动物补饲

这片森林里居民的活动规律。严格管理人员进山，将森林中的人为干扰降到最小，也让盗猎行为近乎消失。而巡护队的巡逻保护，会让这片森林更加安全。

这一切都表明，人类正在学习有节制地利用森林，与森林中的居民分享自然的馈赠，从而让所有物种都能在它们自己的森林家园中安心地生活。

鹿群围在食槽边进食，它们的耳朵上有人工饲养的标志

老闫查看森林中的红外相机

有时候，东北虎也会往森林深处探索

老闫发现了灌木丛中隐藏的猎套

同期声

闫志强：

这是刚走过的狍子脚印，这边有一趟上去的，那边也有一趟上去的，这两趟是两只狍子留下的脚印。因为这两趟都是往一个方向走的，所以能判断出这个地方狍子喜欢来。狍子蹭痒痒，会找“条子”（树枝）密一点儿的地方钻。猎人也会在这样的地方下套。待会儿大家就找一找“条子”密一点儿的地方，那里是下套的好地方。

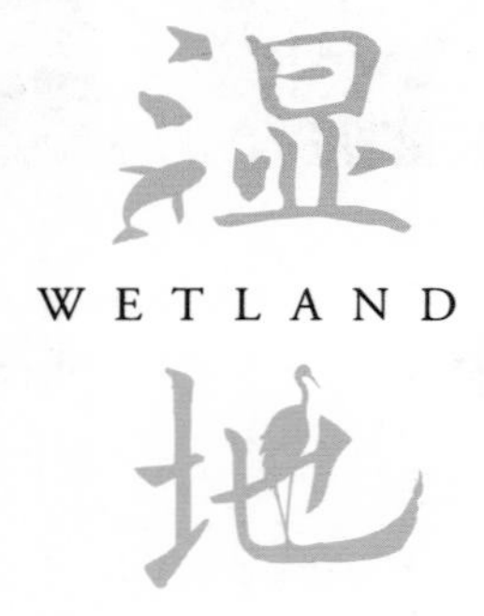
湿
WETLAND
地

中国拥有全世界十分之一的湿地，从平原到高原、从热带到温带、从沿海到内陆、从地下到山顶，这片广袤的大地上有着类型多样的湿地，这些湿地承托着丰富的生命，并与它们休戚与共、生死相关。

（一）

长江是世界上水量最丰沛的三大河流之一，在它的中下游，沿江形成了中国最大的人工和自然复合的湿地生态系统。长江中下游是中国人口密度最高的区域，同时也是中国经济最发达的区域，此外，这里还是中国湿地资源最丰富的地区之一。在这片由洪水塑造而成的湿地上，很多中国特有的物种在此上演着跌宕起伏的生死大戏。

中国科学院水生生物研究所白暨豚馆，是人类最近距离观察和接触江豚这种古老水生哺乳动物的地方。在野外，江豚数量可能已经不足 1000 头。这里生活着五头最了解人类的江豚，它们活泼，热衷交流。江豚拥有人类三岁小孩的智商，它们懂得如何利用训练员的宠爱达到自己的目的，也懂得配合日常的动作训练，以便能够在体检时完成相应的动作。这里食物充足，没有伤害和天敌，甚至还有

中国科学院水生生物研究所白暨豚馆

训练员对江豚进行日常训练

天鹅洲长江故道

玩具；但是在这里，它们永远无法无拘无束地畅游，也无法体验与同伴联手驱赶鱼群的快乐；它们之所以被聚集在这里，是因为它们承载着族群特殊的使命——种群的延续。将它们带到这里加以保护，并不是科学家的主要目的，最终目标是要把江豚带回它们的家，它们生活了约 10 万年的故乡。

形成仅四十多年的天鹅洲长江故道，是长江中下游保存最完好的自然湿地之

同期声

王丁（中科院水生生物研究所研究员）：

为什么要有一个小的种群在我们这里呢？主要的目的就是可以比较近距离地开展这项研究，因为有些研究工作在野外是很难完成的。通过室内的一些研究工作，我们获得一些关于这个物种的知识，这些知识能对我们的野外保护工作起到帮助作用，这是这个地方存在的最根本的价值所在。

几乎每一次我们去天鹅洲进行检查的时候，成年的雌性江豚基本上就是处在两种状态。要么是怀孕了，要么是正在哺乳，甚至有的是还在哺乳却又怀孕了。只要给江豚提供一点点空间，它就能够很好地生存。

一，这里正上演一个又一个关于生命奇迹的故事。江豚“鹅鹅”就是其中一个故事的主角。初夏，“鹅鹅”终于可以轻松一点了，它生下的小江豚已经八个月了。这是它来到天鹅洲生下的第一胎，再过四个月，小家伙就要独立生活了，“鹅鹅”要尽快教会它怎么捕鱼。

为了确保生活在天鹅洲的江豚有充足的食物，这片水域不仅全面禁止捕鱼，而且每年还会人工投放大量鱼苗，以保证有丰富的鱼类资源。在“鹅鹅”的引导下，小家伙已经对小鱼产生了兴趣。甚至不需要“鹅鹅”的督促，就会主动去追赶鱼群，但它现在还只是把这当成玩耍。

二十多年前最初的五头江豚从长江迁入，现在天鹅洲长江故道已经拥有六十多头江豚。这里成为全世界第一个对一种鲸类动物成功实现迁地保护的地方。在风浪中出水透气的江豚和江面的波浪融为一体，很难被发现。

天鹅洲长江故道，是江豚已经为数不多的理想栖息地之一。这里水质清洁、鱼类丰富，除了巡护的船只，一片宁静。而一堤之外的长江，轮船密集往来，采砂船日夜不歇，鱼类越来越少，但那里是

小江豚和妈妈在网箱中嬉戏

江豚生活了 10 万年的家，也是科学家努力要让它们回去的地方。

一个年轻的科学家团队正在与时间赛跑。他们试图通过有限的样本来源，从各个方面更全面地了解这种古老的水生哺乳动物。只有了解更多，才能更好地保护它们。团队成员肖扬负责对各种切片进行分析，除了牙齿切片，她还做了脂肪切片、肾脏切片和睾丸切片，这些切片都能够让科学家们更加准确地判断它

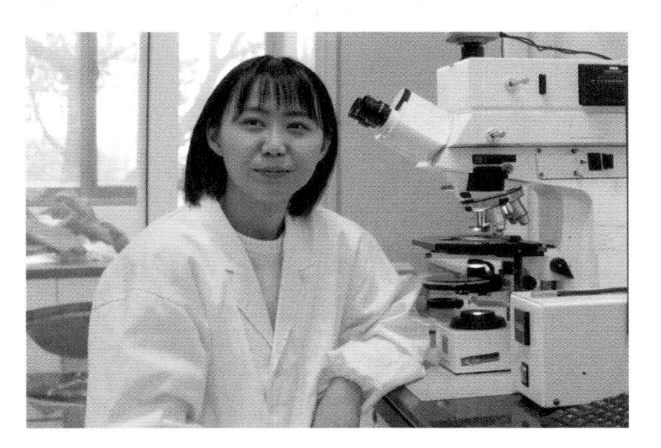

同期声

肖扬（中科院水生生物研究所研究生）：

这个就是江豚牙齿的切片。这条透明的白线，叫作婴儿线。所有的江豚都有这条婴儿线，它是年龄计算的起点。切片上有深色和浅色相间的透明带，这是我们判断年龄的依据。然后我们从婴儿线由外向内来数它的年龄生长层，由此读取它的年龄，感觉是一件很神奇的事情。

的生理状态。

陈懋是一名研究声学的年轻学者，他通过一套先进的水下声纳设备，试图找出长江江豚的活动规律。

但目前最重要的工作是照顾好天鹅洲的江豚，特别是刚出生的小江豚。小江豚一生出来就会游泳，约两三分钟后，江豚母亲就会跟过来带着它。大多数鲸类在一岁以内个体死亡率最高，江豚也不例外。丁泽良以前是与江豚争夺鱼类的长江渔民，现在他每天最重要的事情就是每隔 4 个小时给江豚喂食。从“鹅鹅”怀孕到小江豚出生，一直是他在照顾网箱中的这对母子。

他现在最担心的事情就是给“鹅鹅”补充营养时，它吃得太少，最开心的就是看着他喂养的“鹅鹅”母子都变得胖胖的。小江豚已经开始对吃鱼产生了兴趣。在妈妈开饭时，它开始捣个小乱或者调皮地去争抢妈妈嘴里的小鱼。丁泽良已经开始给小江豚专门投喂小鱼苗。但它还不能全部吃到，不过已经吃得越来越好了。小江豚也开始尝试离开妈妈，自己探索、玩耍，它正在慢慢成长。

等到小江豚满一岁，就要开始独立生活了。离开网箱和人工喂养，是小江豚成长中要面临的第一个考验。离开天鹅洲的隔离保护回到长江，回到它的妈妈曾经生活的地方，是江豚和生活在这里的人们要应对的更大的挑战。

同期声

陈懋（中科院水生生物研究所研究助理）：

绿色的点代表电脑认为这就是江豚声音的信号，当绿色很集中的时候，代表这一片区域江豚发声信号的频率和强度都很高。那么我们会认为，在这个时间段，有比较多的江豚进行活动和交流。通过这个仪器，可以对江豚进行 GPS 定位，从而可以确切地知道，它什么时候来过，然后到过这里的哪些地方。

（二）

在天鹅洲由江水冲积而成的天鹅岛上，土地肥沃、池塘连片。秋收已经结束，供应冬天的蔬菜马上就可以采摘了。一垄相隔的田地却是另外一番景象，遗撒在田间的荞麦，让这里成了鸟儿们的食堂。

何修平是天鹅岛上少有的没有外出务工的农民，他正在干一件其他村民都没有干过的事情——种有机农田。何修平参加的是可持续农田示范项目，通过农田的有机种植改造，减少农业对天鹅洲水质的污染。冬天，他们选择让农田休养生息，利用农闲制作堆肥。

可惜的是，夏天的洪水让之前种植的棉花绝收，抢种的荞麦也收成不佳。他们请来长江大学的专家分析原因。此外，用于调剂水量和灌溉的蓄水池即将动工，它将增强这片农田应对洪水的能力，并实现农田用水的内循环。为了更好地适应长江水量的周期变化，持续获取稳定的经济回报，天鹅岛上的人们要重新学习在不伤害这片水土的前提下耕耘这片土地。

在天鹅洲西南角的滩涂上，有一片大洪水留下的礼物。洪水带来的旱柳种子，在这片滩涂上生根发芽，生长成林。夏天洪水的浸泡在树皮上留下了痕迹。直到冬天，菌类还能在潮湿的树干上生长。气生根让旱柳能够适应每年夏天丰水

天鹅岛上，一垄相隔的两片田地却是不同的景象

同期声

何修平（天鹅洲河口村村民）：

我们不施农药化肥，施有机肥。然后土就比以前要更松软了，蚯蚓也比较多了，以前没这么多。如果说这个项目成功了的话，有机产品的价格肯定要卖得高一些。到时候，继续搞有机农业，效益肯定会好一些。

期洪水的浸泡。到了冬天洪水退去，这里便成了麋鹿夜晚安睡的家园。

冬至，一年中白昼最短的一天，太阳还没升起，麋鹿就从旱柳林出发了。麋鹿是长江中下游湿地的原生物种，在濒临灭绝时被带回故土。现在，公鹿唯一的武器——头上的鹿角——正在陆续脱落，等待长出新角，母鹿大多已经怀孕，这是一年中麋鹿最脆弱的时候。水边的滩涂，是麋鹿隔绝危险的地方，棕黄的体色让它们与环境融为一体，类似于牛蹄的四足让它们能轻松行走在淤泥中，它们可以在这里悠闲地补充水分，缓解一夜的干渴，还能找到鲜嫩的青草。

这个时期是麋鹿换角的季节，也是保护区的工作人员忙碌的时候。他们需要在整个保护区收集麋鹿脱落的鹿角，这是判断麋鹿种群数量以及年龄结构的重要依据。

寒冬造成的食物匮乏，是麋鹿面临的最艰难的挑战。为了预防可能到来的冰灾，保护区的工作人员为麋鹿种植了它们爱吃的食物。在天鹅洲，麋鹿没有天敌，食物充足，剩下的似乎就是享受生活、繁衍后代了。

今年的冬天有些反常，温暖的天气让麋鹿有了春天已经到来的错觉。公鹿似乎闻到了空气中飘散的母鹿发情的信息，它们来到烂泥塘开始装扮自己。公鹿往

同期声

身上涂泥浆，用角挑戳青草作为装饰，在麋鹿的眼里，这是威武的象征，是母鹿青睐的样子。还没有换角的公鹿似乎占有一点优势，角已经脱落的公鹿也加入了这场竞争。但温暖的天气也许转瞬即逝，这注定是一场没有胜者的竞争。

如今，有六百多头麋鹿生活在天鹅洲湿地，1998年的那场大洪水，让34头麋鹿从天鹅洲游出，逐渐在长江中下游湿地形成了全世界最大的野生麋鹿种群。麋鹿因此成为物种重引入最成功的典范。从灭绝到复兴，如何在中国人口密度最高的地区之一的长江中下游开拓更多的家园，是麋鹿和它的保护者面临的挑战。

朱建强（长江大学教授）：

连续60天没降雨或没降过透雨，这属于一个中等的旱情。加上生长期短，就短短60天时间，所以说这是产量低的一个很重要的原因。从现在我们收获的产品质量来看，和我们买回来的种子差别不大。这是在缺肥又比较干旱的情况下收获来的，实在来之不易。人工收代价太高，所以我们用机器收，机器收的话，荞麦在田间的损失就比较多。但我们从一个系统来看，我收的少了，别的物种会有所获。鸟有食物了，对不对？田里面有食物，它就有可能不会飞到我们粮仓或晒场里来了。

天鹅洲麋鹿群的栖息地

太阳还没升起，麋鹿就从旱柳林出发了

公鹿之间的较量

生活在天鹅洲湿地的麋鹿群

同期声

李鹏飞（湖北石首麋鹿国家级自然保护区管理处副主任）：

我们会种植黑麦草、小白菜、胡萝卜和紫云英等植物。要满足它们营养的需求，单一一种植物是不能满足的，就像我们人吃菜、吃东西，来保证我们的食物多样化一样。

（三）

每年长江丰水期和枯水期的交替，塑造了中国最大的湿地群；而在大陆与海洋的边缘，每天都要经历海水起落的红树林，是世界上生物多样性最丰富的生态系统之一，也是中国最独特的湿地生物群落。

海口东岗寨的红树林自然保护区，这里有中国成片面积最大的红树林，一片在海水中生长的森林。生活在这片森林里的居民们都练就了应对每天潮涨潮落的生存技能。红树是这里绝对的主角，只是主角并不只有一个。几乎中国所有的红树植物都是这片森林的成员，比如：白骨壤、红海榄、海桑树和尖瓣海莲等。因为当树皮被割开后，其体内的单宁会氧化变成红色，所以它们都被称为红树。但是要在这片被海水浸泡的淤泥地里生长，红树得有些特殊的本领。

淤泥中没有氧气，木榄为了能够呼吸，根先是往上长，伸出地面后又重新扎入泥中，如此反复多次，它的根形成了一个个像膝盖的拱起。这些膝状根的表面

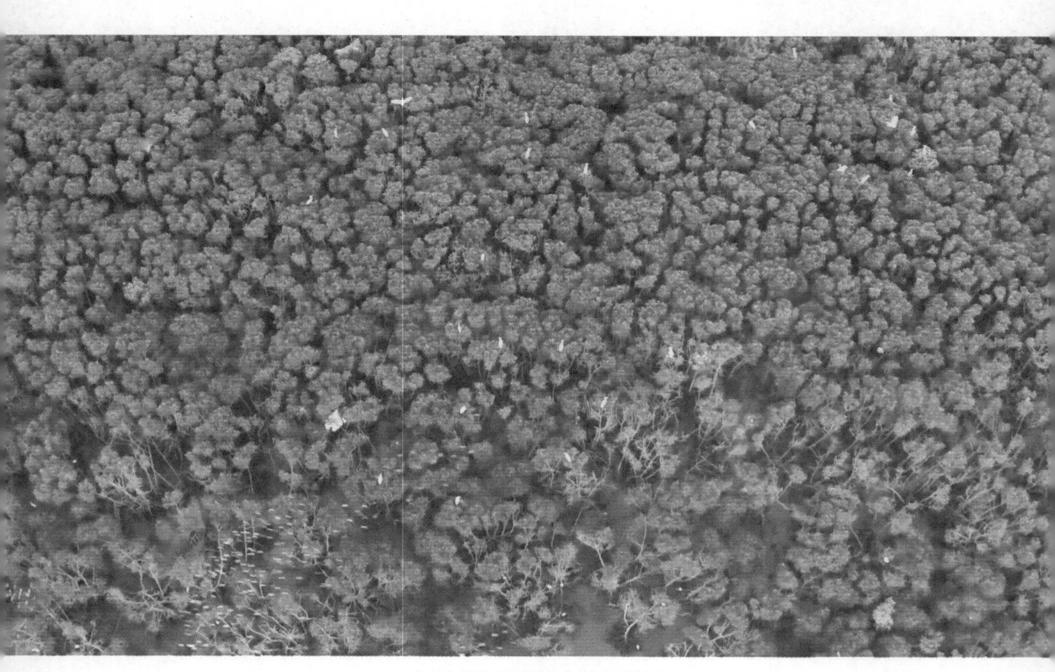

中国成片面积最大的红树林

红树的树皮被割开后，其体内的单宁会氧化变成红色

红海榄的支柱根

有粗大的气孔，内部是海绵状的通气组织，它们不仅可以用来呼吸，还可以储存部分空气。为了对抗海浪的冲击，红海榄的枝干上会长出许多支柱根，它们深深地扎入淤泥中，形成稳定的支架，这样红海榄就能将自己牢牢地固定在泥滩上。

红树生活在海水中，但植物的生长需要淡水，因此一部分红树还拥有一项陆

桐花树的叶片具有“泌盐”的本领

生植物无法比拟的能力。白骨壤和桐花树拥有“泌盐”的本领，它能把吸入体内的多余盐分通过叶片的盐腺分泌出去，干燥后，叶片上就会出现白色的盐晶体。此外，为了减少水分的蒸发，它们的叶片是光亮的革质，以便反射阳光。

茂密的红树林是白鹭的家，它们占据了这片森林的树冠层；不过白鹭生活在

白鹭占据了红树林的树冠层

这里更重要的原因是，它们几乎可以天天享受大餐——一切只需等待潮水退去。退潮后，红树林下的泥滩显露出来，隐藏在红树林底层的居民们纷纷冒出了头。石磺在慢悠悠地寻找食物，招潮蟹也从洞穴中出来觅食，它们都是素食者。招潮蟹会把泥沙连同其中的有机物一起吃掉，然后排出泥沙，如果能捡到一片落叶或者花瓣，就算是遇到了大餐。吃饱之后，招潮蟹就开始忙着清理自己的洞穴。每个洞里面一般有两只招潮蟹，雌蟹负责收拾，雄蟹有一只漂亮的大螯，负责守卫，防止自己辛苦建造的家园被别的螃蟹占据。一位“不速之客”的到来使得雄性招潮蟹迎上前去，用它的大螯和对方进行交涉。看来双方都有些虚张声势，一边亮出自己的大螯一边后退，冲突就这么悄然化解了。当然，单身的雄蟹也可能会遇到一见钟情的对象，这样洞穴就会顺理成章地迎来它的女主人。

一只招潮蟹和一条弹涂鱼不期而遇，但是它们不会发生冲突。退潮后的滩涂布满了各种藻类，那才是弹涂鱼垂涎的“美味”。弹涂鱼是鱼类中的天才。涨潮

退潮后，招潮蟹现身滩涂

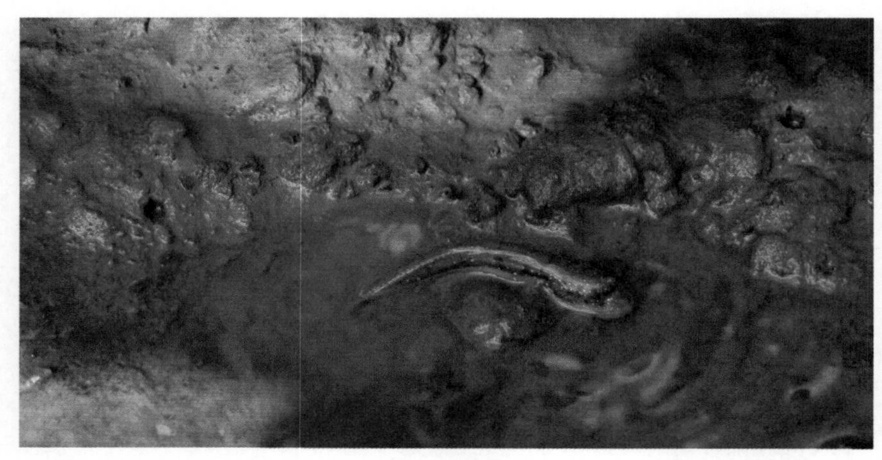

滩涂上的弹涂鱼

时它们是游泳健将。落潮后，在泥泞的滩涂上，它们利用胸鳍和尾柄支撑身体在滩涂上缓缓爬行，背脊高高挺起的样子像个小老头；但也会忽然用尾巴作为助力把自己抛向空中，瞬间就变成弹跳小能手。但是在陆地上生活，弹涂鱼要面临更多挑战。

弹涂鱼可以直接通过皮肤呼吸，但必须保持皮肤的湿润，脱水的话则会危及生命。如果不想成为别人的美食，它们还要时刻提防隐藏在红树林中的水鸟。弹涂鱼头顶那双大眼睛会时刻警觉地观察周围，稍有动静便会躲回洞中。

钻洞让招潮蟹和弹涂鱼在这片湿地找到了安全感，这些洞穴也改善了土壤的通气条件，帮助红树获取更多的氧气。

退潮后，隐居在红树林里的白鹭开始了它们的大餐时刻，这时候的泥滩到处都是它们的最爱，沙蚕、螺、贝还有虾和蟹，都是白鹭喜欢的食物。白鹭在泥滩上行走自如地觅食。这里的食物实在是太丰富了，因此它们并不介意和其他的邻居——金斑鸻一起分享。

泥滩上还有一对来自深海的伴侣。中华鲎是地球上最古老的海洋生物，三亿多年来，每年到了繁殖季节，它们都会在退潮时结对爬上浅滩。两只中华鲎一旦认定了彼此，雌鲎就会背着雄鲎爬上岸产卵。

白鹭并不介意与金斑鸻一同分享食物

小中华鲎从在卵里就开始脱壳，需要十几次的脱壳才能真正成年。而刚脱壳的小中华鲎身体非常柔软，它的外壳需要很长的时间才能变得坚硬。因此，小中华鲎会躲在红树林里，浅滩上的淤泥可以让中华鲎的下一代安然度过漫长的成长期。

同样渴望淤泥滋养的还有秋茄上的“水笔仔”。秋茄的种子成熟后会在果实中继续发育，等长成长柱形胚轴也就是水笔仔时，它们会选准时间与果实一同脱落，笔直地插入淤泥中，这样才能在几年后从小树苗长成半米高的灌木，成为红树林一员。如果没把握好时间，在涨潮时落下，那就只能归于泥土，成为这片红树林的养料。

就在红树林的居民们趁着落潮忙着觅食、繁育后代的时候，住在红树林附近的小张为了一道美食忙碌起来。他将新鲜的螃蟹剁成小块，放入竹笼，然后趁着退潮埋进了红树根部的淤泥中。

当潮水再次涨起，刚刚还在泥滩上忙碌着的居民们都各自归巢，红树林也恢复了平静。但这时候，栖息在浅海红树林根部的中华乌塘鳢开始出动了。中华乌塘鳢也叫蟹虎，是一种可以在咸淡水中生存的掠食者，主要以螃蟹为食。它的尾巴粗壮有力，上面有一个圆形的图案，一旦发现移动的目标就迅速游过去，一口将猎物吃掉。但爱吃螃蟹的特点也让它成了渔民们的笼中之物。第二天退潮以后，

泥滩上的中华鲎夫妇

躲在红树林深处的小中华鲎

小张来到红树林起获他的战利品。因为可以通过皮肤呼吸，所以即便离开了水，只要保持腹部湿润，中华乌塘鳢依然可以生存一周左右的时间。就算它已经离开红树林几千米，但它们依然能感知到潮汐的变化，每当涨潮时，水盆里的中华乌塘鳢就会蠢蠢欲动。

潮起潮落间，红树林新的一天又开始了。这片位于海陆交接处的湿地上，水陆双栖的居民们如千万年来的每一天一样，享受着它们生机勃勃的丛林生活。

栖息在浅海的红树林根部的中华乌塘鳢

远离红树林的中华乌塘鳢依然能够感知潮汐变化

（四）

中国的西南是世界上喀斯特地貌发育最典型的地区之一，湿润的气候带来的丰沛降水不断溶蚀着碳酸盐岩的山体。地表的流水或深或浅，都将汇入江河，并最终流入大海。在这段旅程中，流水承托起了许多独特的生命；而深入岩体的那一部分流水，将用水滴石穿的韧性创造一孔孔洞天福地，让生命在此上演独特的演化历程。

胭脂鱼是中国特有的一种漂亮的鱼类。正在优雅地游动着的这条胭脂鱼还处于幼年，没有长出令人惊艳的红色纵纹，但是高高隆起的背鳍让它看上去就像是一片风帆，要去远航。数年之后，当它洄游到这里时，它将拥有一身胭脂红色的皮肤，成为长江支流深水中难得一见的美丽大鱼。

喀斯特溶洞

还未长大的胭脂鱼幼鱼

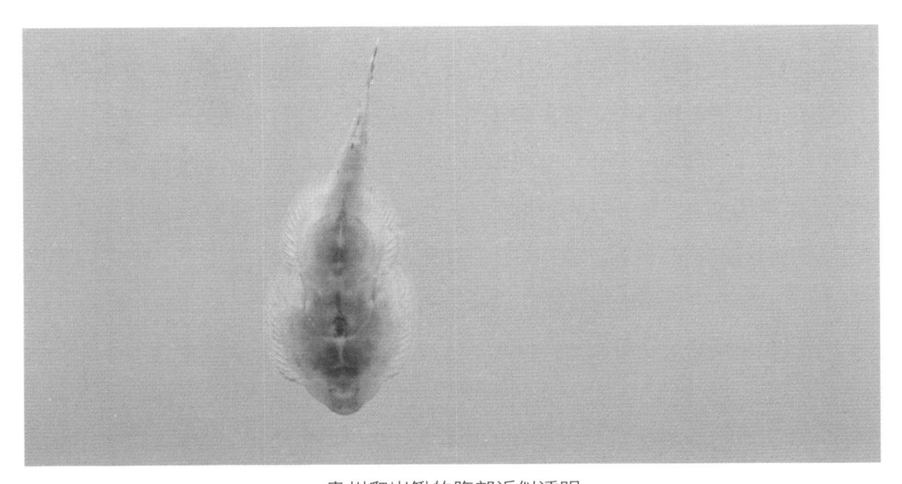

贵州爬岩鳅的腹部近似透明

贵州爬岩鳅是中国特有的原生鱼类。它是溪流中最淡定的觅食者，堪称水中的“壁虎”，它拥有头冲激流、顺岩攀爬的绝技，即便在垂直的石壁上甚至“倒挂”时也能自由运动。贵州爬岩鳅身体扁平，胸鳍和腹鳍就像两个吸盘，在受到水流的冲击时，鱼鳍由折叠变为展开，从而使腹部的空间变大，内部压力变得更小，吸附力增大。这两个吸盘的吸力最大时，能够超过它自身重力的一千倍！

贵州爬岩鳅在享用岩石上的藻类

它们之所以能够在千百年的演化过程中练就这身绝技，是因为溪流中的岩石上长着它们最爱吃的藻类。擅长攀爬的它们即便是在被流水打磨得非常光滑的岩石上，也能运动自如地啃食上面的藻类。而它们和岩石融为一体的体色，使其能更安全地享用美食。每一块岩石对于它们来说都是一小块牧场。每当转场时，它就显现出游泳健将的本色，但它的超强技艺只是惊鸿一瞥，一旦到达新的牧场，它立即就用胸腹把自己和岩石紧紧贴在一起。

贵州爬岩鳅遇到入侵者时，会毫不犹豫地进行驱赶。如果在繁殖的季节遇到心仪的对象，它们就会变得活跃，近似透明的肚皮显露出它跳动有力的红色心脏，那是它强大生命力的体现。求爱的过程并非总是一帆风顺，它会遭到拒绝，但只要坚持，总会迎来转机。在一次次试探和接触中，也许它们可以渐入佳境。

山间的溪流在奔向大海前，有一部分会渗入石灰岩体汇成暗河，在地下塑造出另一个世界。地下世界的入口虽然是悬崖峭壁、土层稀薄，但是在阳光灿烂的初夏，也是一片生机勃勃。

石壁上，一只米仓山攀蜥在树下的枯叶间享受着日光浴，作为冷血动物，它

米仓山攀蜥享受日光浴

米仓山攀蜥打量四周寻找猎物

正在吸收来自阳光的能量。犹如迷彩的表皮既是它的保护色，也为它带来了食物。一只螽斯幼虫显然是把它当成了树枝，结果成了米仓山攀蜥的开胃菜。阳光越强，米仓山攀蜥越活跃，当正午的阳光炙烤着它的皮肤时，它就成了一个敏捷的猎手，开始贴地飞跑，去寻找猎物。

喀斯特溶洞都是连环往复的洞穴世界。开阔的水面碧光粼粼，穿越山涧，也许就会有殿堂般的巨大洞穴等待着探索的人们。进入洞口后，洞外的这种绚烂将慢慢消失，渐渐迎来一个暗黑的世界，这个世界可能又有一番全新的景象展现出来。在洞中，阳光被彻底隔绝，终年恒温润泽，滴落的水珠说明这里的喀斯特溶岩还在发育。

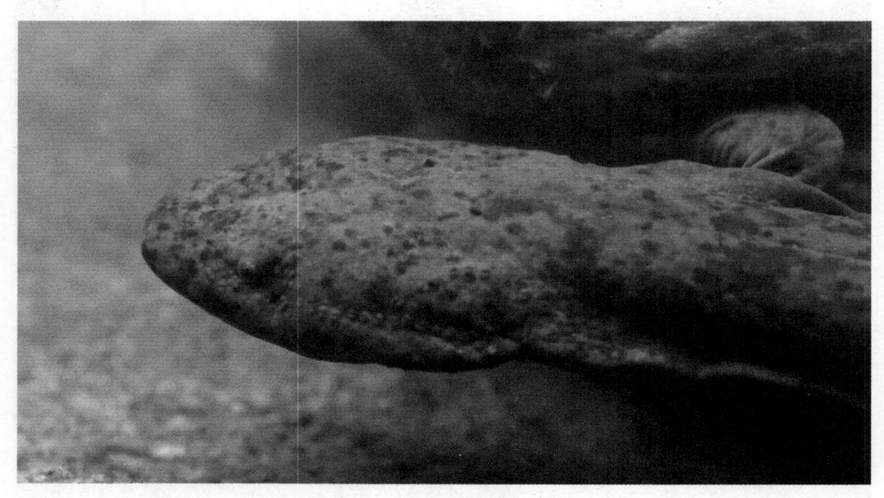

大鲵是世界上现存最大的珍稀两栖动物

灶马拥有长长的触须，是洞穴中最常见的昆虫。在洞穴顶部，垂挂着一群秩序井然的菊头蝠，它们是黑暗中的幽灵。

在幽暗的水底，一只大鲵潜伏在洞口。它平时行动缓慢，身躯笨拙，但它是这里高居食物链顶端的捕食者。作为一个慵懒的猎手，大鲵喜欢守株待兔。在没有发动攻击之前，它斑驳暗淡的体色让它能和环境融为一体，就像一块沉默的石头。但是它爆发力极强，一旦猎物离得足够近，便会迅猛出击。作为世界上现存最大的珍稀两栖动物，大鲵从恐龙时代活到现在，为了适应环境的变化演化出很多超强的本领。大鲵从不挑食，鱼、虾、蟹、蛙和昆虫等，都是它的猎物。大鲵饱餐一顿后，体重可以增加五分之一，最长可以两三年不进食。水中漂浮的白色的膜是大鲵蜕落的表皮。每隔十到十五天，大鲵就会蜕一次皮，这不仅能让它更好地生长，还能让皮肤上的病菌随着蜕去的表皮脱离。

成年大鲵用肺呼吸，但它们在幼年时期是用鳃呼吸。刚毛藻形成的丛林与水底的石穴，都是大鲵幼仔的庇护所。喀斯特溶洞让历经环境巨变的古老生物有了退居之所，在这里它们也顽强地演化以适应这里艰难的生存环境。

水不仅塑造着这个地下世界，也将阳光世界中的物质和能量带入洞穴，滋养着这里的生命。中国拥有多样性居世界首位的洞穴鱼类，它们中的大多数放弃了五颜六色的外观和视觉器官，却借助黑暗获得了另一条奇特的演化之路，也利用黑暗躲过了我们的探索。

躲在刚毛藻中的大鲵幼仔

（五）

中国最著名的三大高原湖泊之一的草海是很多鸟类避寒的胜地，秋天，这片亚热带高原湿地看上去更像是一片茂密的草原，正在等待来自寒冷高原的鸟类来这里过冬。

不过最先到来的是这里的新客——来自热带的钳嘴鹳。原本生活在印度和东南亚的钳嘴鹳也许是被草海丰富的食物吸引而来，成为草海体型最大的涉禽。钳嘴鹳是顶级的掠食者，也是出色的猎手，这种看上去仪式感十足的舞蹈聚会，其实是钳嘴鹳在围猎。它们在沼泽中形成一个包围圈，通过脚踩、振翅，让猎物离开水草，然后伺机猎捕。

这里突如其来的寒潮让习惯了热带炎热气候的钳嘴鹳措手不及。虽然寒冷，羽毛被冷雨淋湿的钳嘴鹳也不得不张开翅膀，让风带走身上的潮气。晾干后，它

远道而来的钳嘴鹳

钳嘴鹳张开翅膀晾干羽毛

从青藏高原飞来的斑头雁

们三五成群，在背风处缩成一团，抵御着寒冷。为了节省能量，它们都不愿意飞翔。但持续的低温，让这群初来乍到者只好另寻他处。

深秋，草海迎来了从青藏高原飞来的远客。斑头雁仅用几天的时间就完成了长达 1500 千米的高原迁徙之旅，凭借的就是能够连续 17 小时扇动翅膀的耐力，

黑颈鹤们顺利抵达越冬地

黑颈鹤一家与家鹅不期而遇

以及能够忍受万米高空缺氧和寒冷环境的体魄。现在它们终于可以好好休息了。

这时的草海已经热闹非凡，两百多个种类、十余万只冬候鸟接踵而至。世界上唯一生长、繁衍在高原上的鹤类——黑颈鹤也来了。挥动翅膀、交错跳跃，是它们庆贺顺利抵达越冬地的方式，它们将在这里度过近半年的时间。草海给这些远方来客提供了充足的食物和栖息地。

草海的周围都是肥沃的农田和菜地，人类也同样在分享着这片湿地丰富的资源，田地里的农作物成为吸引黑颈鹤等很多鸟类来到草海过冬的重要原因。

晨曦的光唤醒了休整一晚的鹤群，早起的黑颈鹤集群飞向觅食地。它们降落在一个山坡上，和灰鹤一起，一边享受着日光浴，一边在等待着。辛勤的农夫正在翻耕土地，松软的土壤中藏着很多美味的食物。黑颈鹤正在等待着农夫给它们准备早餐。终于可以开饭了。无论是湿地，还是农田、菜地，这里到处都是鸟类

那尔则滩涂沼泽地的大天鹅群

的餐桌。草海里莎草的根茎还有小鱼小虾，农田里遗落的土豆和玉米，都是黑颈鹤的最爱。只是到处都很泥泞，即便是双腿细长的黑颈鹤有时也会尴尬，踩了一脚泥怎么也甩不掉。

黑颈鹤还要学会和人类世界相处。带着还未成年的幼鸟外出觅食的黑颈鹤父母与家鹅不期而遇，家鹅认为黑颈鹤侵入了自己的领地，它们气势汹汹地驱赶黑颈鹤。小鹤初次遇到家鹅袭击，有些惊慌失措，扇翅逃离。黑颈鹤父母也被小鹤弄得有些惊慌，不过，它们很快就镇定下来，开始向家鹅逼近，鸣叫示威。在体量上完全处于劣势的家鹅只好回撤。但身为地主，它们不甘心失败，又卷土重来。黑颈鹤毫不退让，死守阵地。最终，它们达成了共识，一起共享领地。

因为这片湿地的水草丰美，以及草海附近人类的善待，这些高原鸟类可以在这里度过最难挨的冬季，积蓄体力，等待春天的到来。

3月，位于世界屋脊的中国最大的咸水湖——青海湖还是冰面涌动的世界，在它的西南边，有一片由多处泉水涌流形成的沼泽湿地，这片湿地就是那尔则滩涂沼泽，因为有很多温泉，冬天不封冻，所以这里成了大天鹅越冬的栖息地。春天已经来临，一些大天鹅没有和同伴迁徙到北方的繁殖地，而是选择留下来，在这里繁殖下一代。

最早来到青海湖开始繁殖的是鸬鹚，它们集中在这座小岛上筑巢，准备孵化下一代。只是密布的鸟巢说明，子孙兴旺的鸬鹚需要为下一代寻找新的繁殖地了。

暮春，黑颈鹤夫妇回到了它们的旧巢，产下了它们今年的希望。由于气候变化，青海湖的水位不断上涨，如何应对不断逼近鸟巢的水位线，是这里的黑颈鹤夫妇需要面对的新挑战。

这就是中国的湿地。水或咸或淡，在这里潮起潮落，荣枯交替；生命在这里默默承受着各种挑战，也在绚烂多姿地努力绽放。

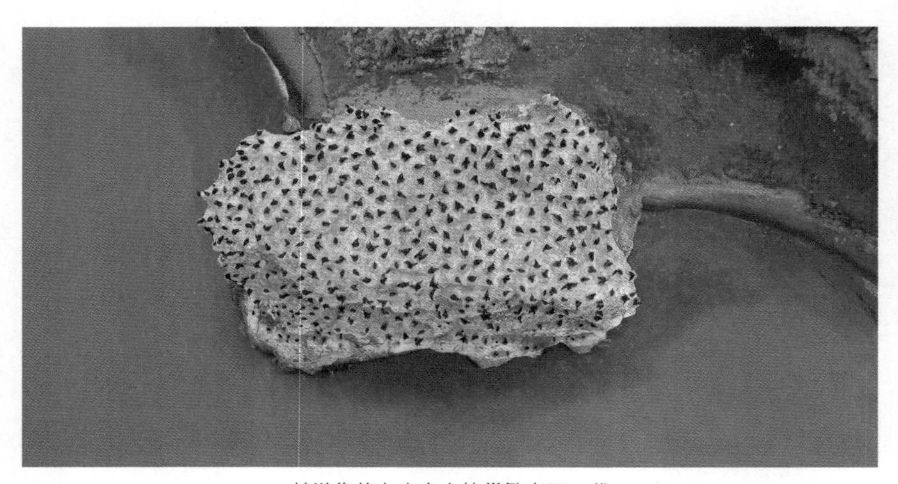

鸬鹚集体在小岛上筑巢繁育下一代

青海湖的黑颈鹤

第二部分　遗珠之憾

太行之王

宋大昭

清晨，雄豹 M2 跳上“荣耀石”，漫不经心地用后脚在那棵歪脖子大油松下面的地上蹬踏了几下，做了个明显的标记。它并不急着离开，而是懒洋洋地趴了下来。昨天夜间它在下面的山谷里捉住了一只狍子，它把猎物拖进边上的灌丛，然后吃下尽可能多的狍子肉，这顿美餐足以让它消化好几天。在离开前它把剩余的狍子尸体草草地掩埋了一下，希望还能再吃一顿。在黎明到来之前，它趴在猎物边上休息了一会儿，然后信步爬上山坡，来到山脊上它喜爱的这个地方。在这里它将迎来清晨的阳光：在冬季这几乎是山里所有动物一天中最盼望的时刻。经历了整夜的寒冷，此时该是轻松一下的时候了。现在 M2 的肚子里胀鼓鼓的，得到满足的胃和逐渐升高的气温都让它心情愉悦。它放松下来，在地上打了个滚儿，然后四脚朝天地躺在那里，尽情享受着日光浴。它是这片山林里的王，无所畏惧，即便是大白天也不用提心吊胆，此刻它将美美地睡上一觉，然后再去享用它的狍子大餐。

我和我追寻的华北豹

我与这只雄豹打交道已经将近十年了。开始的时候，它并没有什么特别之处，只是这片太行山里一只寻常的年轻雄豹。当然那时我也还是个菜鸟，只是跟着老队员在山里到处走，学习如何在山里辨认方向和寻找动物的踪迹，并且安装红外相机来拍摄华北豹以及其他的动物们。后来我们开始试着给拍到的豹子起名字，因为每只豹身上的斑点都是独一无二的，这使得识别出出现在红外相机镜头里的豹成为可能。我们给雄豹以 M（意指 Male）打头，逐一编号，雌豹则以 F（意指 Female）开头。

M2 最早大约是在 2009 年拍到的。那时我们刚刚开始使用技术成熟的数码红外触发相机，这种相机体积小、价格便宜，适于大批量使用。我们在山西榆次的 QC 林场（为了保护发现点，林场名字用代号表示）装了几十台红外相机，就是在那时候，我们第一次拍到了 M2。它是我们能够识别的第二只雄豹，不过那时我们的注意力并不在它的身上。那时有两只雄豹引起了我们的注意——M3 和 M4 总是前后脚地出现在镜头里，这让我们非常奇怪：之前我们只知道小豹在离开母亲之前会共同活动，但独立生活后便完全呈独居状态，除了求偶期外我们看不到成年豹结伴活动。然而那两只豹子虽然不会同时出现，但经过同一台相机的时间往往只间隔 1 分钟左右。后来出现了有意思的一幕：一天早上 M3 从一台山沟里的相机前跑过，后面居然紧跟着一只成年的公野猪！

事实上，野猪虽然是豹的猎物之一，但成年的公猪并不好惹，以豹的体格很难杀死一只强壮的公猪，反而有受伤的危险——这是任何一种捕食者都要极力避免的状况，因为一旦受伤则意味着无法捕猎，对食肉动物而言这意味着生命危险。然而我们从不知道野猪会主动攻击豹——无论如何它们的生态位并不会改变，野

猪总是怕豹子的。然而更有意思的是，几十秒后 M4 也出现了，它很兴奋却又谨慎地跟着 M3 和公猪，走走停停地消失在小道的拐角处。

看了很多个视频片段后，我们终于能够大致勾勒出当时山里的情况：M3 和 M4 是同一窝的兄弟俩，它们虽然已经离开了妈妈，但是却并未完全独立，还像幼豹那样在一起生活。显然 M3 已经拥有了更强的独立意识，而 M4 则总是跟在离它不远的地方。这也解释了为什么会出现野猪追逐 M3 的情况：这个年轻的小子要么是缺乏经验，要么是太饿了，总之它招惹了一个惹不起的对手。任何错误都是有代价的，没多久我们就拍到了 M3 一瘸一拐地走过，好在几天后它就恢复了。我猜兄弟俩都从这次战斗中吸取了教训。

M3 和 M4 的消失并不奇怪，它们并不会在出生地待很久，扩散—游荡—建立自己的领地，这是每只雄豹必然要经历的过程。它们也不会结伴很久，一旦它们真正独立，兄弟就将变成对手，猎物、森林、配偶……都将是它们竞争的资源。事实上成年的小雄豹首先要面对的敌人就是它们的爸爸：在当地占据统治地位的雄豹首先会赶走这些小子们。一只雄豹扩散时会离开自己的出生地好几十公里，虽然我们并不知道华北豹会沿着太行山溜达多远，但是一般认为它们可能会走出 50 ～ 80 公里乃至更远的距离。

我想我大概知道 M3 和 M4 的妈妈是谁。它应该是 F1，一只在这个区域被拍到次数最多的一只雌豹。它的特征非常明显：尾巴又细又长，末端总是打着一个样子奇怪的弯。即使不看身上的斑点，也能很轻易地认出它来。F1 在这里存在的时间很久，在 2009 ～ 2012 年的几年间它很稳定地活动在这个区域，从它身上我

们大概知道了华北豹的繁殖周期。大约每一年半到两年它就会繁殖一次，小豹大约在一岁的时候就独立离开。

不过，至于这兄弟俩的父亲是谁，我们一直也没有合理的推测。这要怪我们当时的监测问题还很多，比如相机安装得过于集中，监测区域也太小。事实上我们拍到了一大堆雄豹：M 的编号从 1 开始，很快就到了 M7、M8。然而令人崩溃的是，几乎没有哪只雄豹是能够被持续拍摄超过一年的，很显然这里面绝大多数都是游荡的个体，而我们也无法确认究竟哪只才是这片领地的王。

这种混乱一直持续到 2012 年。在 2013 年和北京师范大学合作以后，我们决定更改监测方法，将过去那种随意的相机安装方式改为严格的栅格网络化安装。我们扩大了监测的范围，从过去一个林场为主扩展到四个林场超过 300 平方公里的范围——虽然这依然不足以诠释一个完整的华北豹种群，但这至少能覆盖几只豹的活动范围了。在这个区域里我们按照每 4 平方公里作为一个单元来设置网格，然后在每个网格里都安装 1 ～ 2 台红外相机，严格地拍摄豹的侧面，以便获得最清晰的斑点资料。我们不间断地在山里跑了一个来月，终于完成了这个监测网络的布设，大约半年后，网络的威力开始显现了。

M2——太行之王

之所以一直没有提及 M2，是因为 2010 年以后我们就见不到它了。2009 ～ 2010 年，它曾较为频繁地出现，但之后就杳无音信了。当时我们以为它就像其他游荡个体一样，是一个年轻的寻找自己领地的雄豹，它们总是像风一样，悄无声息地出现，又悄无声息地消失，天知道它们去了哪里。在多年的寻豹生涯里，我听到得更多的是一些传说：某年某月，这片林子里来了只豹子，护林员或者放羊的看见了，之后去了哪儿了不知道，可能在深山里吧……又或者是新闻里偶尔报道某个村里很多羊被不明野兽咬死，专家称是金钱豹所为。

我猜想其实大多数雄豹都没能找到自己的领地，今天的太行山历经数千年的文明洗礼，能给豹留下的荒野早已所剩无几。它们遵循本能四处探索游荡，但与它们的祖先不同，如今的华北豹要面对更多的问题：公路、村庄、城市、矿区、猎套……没有足够的森林，也没有足够的狍子和野猪。华北的山林早已支离破碎，要想求得生存，它们必须以比演化快得多的速度来学习，适应这个被人类改变的世界，否则它们必将消亡于探索的路上。

M2 无疑是只学习能力很强的豹子，2012 年的夏季，它忽然又出现了。

“荣耀石”是个很奇特的地方，这里正好位于两座山头之间的连接山脊上，大概只有 100 米不到的长度，岩石堆成了一道狭窄的通道，偶尔有几棵油松长在边上。而荣耀石是我们对一块凸起的岩石的俗称，当然这是在监测几年以后才这么叫的，最初我们跟着当地人叫它“连迎战”。

其实早在 2008 年我就到过此地，当时村民永蛋带着我爬上这里，说这个地方豹子来得特别多。只是当年我还未形成对豹子的直觉，因此并未留下太多印象。当时我在看数据时确实发现有一块岩石旁总有豹经过，只是一直没能和这里对上号。2010 年以后这里的相机被拆掉后就再也没有补上，直到 2012 年我找到永蛋，问他当年那块老能拍到豹子的石头到底在哪里，我想上去补两台机器。当我终于重新回到了荣耀石，华北豹世界的大门似乎一下子对我敞开了，因为我们惊讶地发现，M2 回来了。

后来我们总结出来，M2 非常容易识别：像所有的雄豹一样，它也是大脑袋、宽肩膀，鼻子上有一道闪电疤——这道疤它年轻时就有；它左侧的斑点非常有特点，

自上而下以 3、2、1 为序列排列着 6 个实心的黑点；而最显著的还是它的睾丸——一对金灿灿的蛋蛋。我很少看到一只雄豹的睾丸如此凸显，这似乎说明了它强大的雄性力量。与以前的样子相比，此刻它褪去了几分稚气，多了几分威武。

2013 年，监测网络的数据开始逐步回收。我们通过分析数据发现，去而复返的 M2 才是这一大片山林的真正领主。在 QC 林场邻近的 WS 林场和 TQ 林场，M2 频频现身于不同的相机位点前，将其出现的网格连成片后，我们惊讶地发现这只豹拥有面积巨大的领地：东西向的跨度达到 30 公里，南北向的边界我们还无法确定。

虽然世界上有些地区的雄豹领地可达到上千平方公里，但通常认为一只雄豹的领地面积在几十至 100 平方公里左右。然而无论是 M2 还是后来监测到的其他的雄性华北豹，其实际活动面积均远大于 100 平方公里。领地面积通常与栖息地质量、猎物数量息息相关，太行山里的华北豹所面临的栖息地破碎化或许也是其领地巨大的原因。过去我们认为一些道路和村庄会阻碍豹的活动，但监测网络告诉我们，M2 从它领地的西侧一直到东侧，至少要穿越一次省道、两三条县道和乡道。它是在何时何地如何越过这些公路的？虽然我们谁也没有亲眼看到，但却能够推测出一些比较靠谱的过路地点，而这些地点距离村庄非常近，可以说是近在咫尺。不过几乎没有村民看到过它经过，只有在我们的队员老魏他们村里，有人下午在地里干活的时候看到过一只豹优哉游哉地从山坡上下来，然后大摇大摆地穿过公路和农田，消失在路另一边的山坡上，但我们永远也无法得知那到底是不是 M2 了。

监测网络终于让我们摆脱了过去的混乱，几年下来我们拍到了许多豹的个体，并且能够大致搞清楚它们之间的关系了。在 M2 活动的区域里，除了 F1 之外，在荣耀石附近还活动着另一只雌豹 F2，早在几年前我们就拍到过它；然后是在其领地的东侧，一只雌豹被命名为 F4，我们拍到它的时候它已经怀孕了；在 F4 和 F2 的中间地带还有一只雌豹，被命名为 F3。但是它出现的次数很少，估计我们的监测区域只是它活动范围的一小部分。除了 M2 和几只雌豹是定居于此的个体，其他的豹均为流动个体，或者只是偶尔进入我们的监测区域。

这意味着 M2 同时占有 4 只雌豹，我想这在栖息地和资源如此紧张的华北豹种群里并不是个正常的现象。而大量的拍摄数据表明从春季到秋季，M2 更多地在领地东侧活动，于是我们可以大胆地推测，在我们的视野里消失的这两年它究竟都在干什么：在这段日子里，它从一只初出茅庐的小子变成了一个出色的战士，它短暂地离开了竞争激烈的西部栖息地，向东去寻找自己的空间，并在这里发展壮大。我们不知道它历经了怎样的战斗，至少现在它已经登上了这片栖息地的权力巅峰——称霸一方，妻妾成群。

M2 的回归或许伴随着老王 M1 的衰老与退位。但遗憾的是，其实我们没有机会去验证那只被命名为 M1 的雄豹，即我们拍到并命名的第一只雄豹，究竟是否曾是 QC 林场的主宰。由于早期监测手段的缺陷，我们对于这些雄豹并无连续的记录，因此至今也没搞清楚，究竟是旧王退位留出了空间使 M2 得以回归，还是 M2 经过一番挑战后成功扩张了自己的地盘。

牛的问题

将 M2 领地分为东西两侧的是当地最高的一座山峰，这道分水岭其实并不是独自矗立的，它只是太行山主山脊在此形成的一个较高的山峰。荣耀石就坐落在分水岭的西侧，而东侧则是大片低缓的山坡。这片山坡曾经是八路军的根据地，也是抗日战争的战场之一，历史上著名的“石拐会议”即在此召开。而现在，这里不但是华北豹的栖息地，同时也是重要的畜牧场。

位于分水岭西侧的晋中市榆次区是禁牧的，但是在东侧的和顺县却把养牛作为县里的扶持产业。和顺县历来有养牛的传统，“和顺肉牛”在山西颇有品牌影响力。而散养的方式也一直伴随着和顺县养牛的历史，即便现在县里已开始大力推行圈养的规模化经营方式，当地牧民依然习惯于把大量的肉牛赶往山里散养。于是问题产生了。

大量的牛对山里的动物而言是个挑战，首当其冲的是野猪和狍子。如果牛的数量很少，那么野生有蹄类基本不会受到影响，因为过去山里面也有与牛生态位接近的大型有蹄类动物——梅花鹿。然而这个区域的牛多达上千头，如此规模的大型有蹄类动物“进驻”山林无疑是对当地狍子和野猪的一大灾难。这些敏感的野生有蹄类动物会适当地避开牛群，尤其是狍子这种体型中等的鹿科动物，它们非常敏感，对食物也较为挑剔，在牛群活动频繁的地方很难看到它们的踪迹，生态平衡就此打破。

而成群的牛则给豹提供了绝佳的捕猎机会。其实我们现在很难评估豹在这个区域频繁攻击牛究竟是因为牛多好抓还是因为狍子和野猪少了，或许二者皆有之。但无论如何，我们在 TQ 林场第一次拍到 M2 正是因为在小南村所在的监测网络里发生了牛被咬死的案子。当 M2 那健硕的身影出现在红外相机里的时候，虽然不能因此认为攻击牛的就是它，但确实它是最大的嫌疑犯。

之后我们发现，这个区域是每年豹袭击牛最频繁的区域。最初的走访调查表明，这里每年有 20 头左右的牛被豹咬死，而当 2015 年我们开始试行生态补偿的时候才发现，每年在我们监测区域被豹咬死咬伤的牛多达 40 ～ 60 头，其中 80% 都集中在分水岭东侧这个区域。

每年 4 ～ 11 月是牧民集中散养放牧的时期，而 M2 每年春季到秋季都有很多时间逗留于此；除此之外，在母牛生产的高峰期五六月份，会有好几只豹出没于该地区。成年的肉牛重达三五百斤，华北豹并没有力量去攻击成年牛，但初生至两三个月的小牛体形和狍子相仿，于是成为豹的最佳攻击目标。在我们的记录中，被攻击的牛中有 90% 都是小牛。

我们同时还发现，被豹吃掉的牛其实并不

多。一方面，牛群在发现豹子攻击小牛后会群起而攻之；另一方面，一旦被牧民发现，豹也会立刻放弃猎物而离开。在大多数情况下，只有小牛的屁股部分被豹子吃掉了。为了搞清楚豹子吃牛的实际情况，我让永蛋尝试在牛的尸体前安装红外相机，监测一下。

2016 年 8 月 30 日，一头小牛被豹咬死，当天红外相机就被安装在这头小牛的尸体边上。整个白天都很安静，除了几只红嘴蓝鹊飞来啄食尸体外再无其他动静。到了夜间，豹出现了。这是一只我们之前没有识别和命名的豹，它显得非常谨慎，警惕地看着红外相机——它们在夜间也能看到相机，因为相机工作时会发出微弱的红光。这片区域的豹子早就熟悉了林间的红外相机，但这只豹却显得非常犹豫。显然，它很清楚吃牛的风险。我们并不知道这种经验是从何而来。虽然因吃牛而被报复性下毒杀死是当地华北豹面临的一个主要威胁，但是豹本身无法从失败中吸取经验，因为失败的代价就是死亡。或许豹并不知道下毒这件事情，但它们明白牛和人的关系，离人远一点，这是所有小豹在成长过程中首先要学会的一课。

当晚这只豹仅在这里停留了短暂的时间，后半夜它又回来了一次，我们并没有看到它长时间进食。第二天傍晚，一群野猪发现了小牛的尸体，接下来的一幕让我们大跌眼镜：这群野猪疯狂地啃食牛的尸体，整整持续了一夜，第二天和第三天它们依然返回来吃。第四天，M2 来到这里，它的肚子看上去瘪瘪的，显然已经饥肠辘辘。然而这里已经什么都不剩了，除了一些残存的牛皮，野猪们没有给豹留下任何可以吃的东西。M2 显然并不知道这里曾有一头牛，我想它是循着野猪的痕迹追寻而来。只见它四处张望，嗅着，然后便离开了。

完美猎手

我一直很想知道像 M2 这样的成年雄豹究竟能对多大的野猪构成威胁。过去我们不但拍到过大公猪追逐年轻的豹，也曾数次拍到过豹跟随在野猪后方。和以往我们的想象不同，豹对野猪并未采取潜伏—偷袭的捕猎策略，而更像是一种消耗战。我们很清楚地看到豹距离野猪仅有 10 米之遥，它并不隐蔽自己。在山林里野猪无法甩掉一只追踪的豹，但豹也并不急于发动进攻，因为捕猎野猪的风险也很高。

我曾经数次在山沟里看到野猪的残骸，有些头骨很大，带着獠牙，根本不是我们预想的幼猪或母猪，而是成年公猪的体型。很显然它们被豹杀死并吃掉了，但豹是如何做到的呢？经过多年的观察，我猜测豹会一直追踪野猪，依靠其出色的耐力将野猪拖垮。最后往往是在一些狭窄的山沟里，豹完成了对野猪的绝杀。

当然，在豹的粪便里我们看到更多的还是狍子和野兔的毛发和骨头。无论在哪里，豹的主要猎物似乎都是中小型的鹿类：在东北和华北，豹吃狍子；在云南，

豹大量捕食赤麂；在川西高原，我们发现豹对毛冠鹿的需求量很大。这种自然界的环环相扣真是令人赞叹。很显然，豹对狍子就不会采取它们对野猪那样的跟踪追击策略了。我们从未见过豹捕食狍子的场景，但是毫无疑问，潜伏和偷袭才是它们捕捉狍子的主要策略。有时我们会在山里捡到狍子的头骨，往往还带着完整的犄角——看上去它是被吃掉了。我们倒是数次看到雌豹叼着兔子从相机前经过，

比如 F4，当时距上次拍到它怀孕的样子已经过去了几个月，很显然它是要把兔子带回去给刚开始尝试吃肉的小豹。兔子的数量非常多，对雌豹来说这是一种非常理想的日常猎物。偶尔我们也会看到獾的尸体，有时是被吃剩下一半的，在杀戮现场我们常会看到一地的毛。看起来豹喜欢先把猎物的毛拔掉再开始吃。

监测网络告诉我们，在没有牛的区域，狍子和野猪、野兔的数量非常多。华北的森林足以很好地供养这些动物，而这些动物又能很好地供养着豹。根据在村里的一些访谈我们得出这样的结论：在过去，当地的豹远比现在要多。今天我们看到的可能只是太行山盛况的一些残存景象。豹一度非常繁盛，与之为伴的还有华北的狼、豺，它们在山林里追逐着狍子、野猪、梅花鹿、原麝。如今这些物种中的某些成员已经永远地从太行山消失了，只有豹凭借其强大的适应能力和卓越的捕猎能力存活至今。

生生不息

2016 年年中，我们发现豹的分布情况发生了一些变化。F4 带着两只小豹开始游荡，我们很清楚这是 M2 的孩子，因为在之前的发情期 M2 和 F4 结伴同行。此外，一些年轻的雄豹并不像过去那样急着离开，一只已经独立成年的小雄豹一直到夏季还在 WS 林场逗留，而就在 QC 林场，我们最早看到 M2 的地方，又出现了一只新的雌豹和雄豹。此时 F1 已经消失了大约两年，我们无从得知它的命运，但很显然它的位置已经被取代。而那只雄豹似乎也没有急着离开，我们数次在山脊的小道上拍到它的行踪。

不过 M2 近年来倒是从未回到那片山林，2013 年以后它的活动范围就主要限于从荣耀石越过分水岭到领地东侧石猴岭的狭长地带。但此时它已经不再像年轻时那样英姿勃发，而是日显老态。豹的野外寿命大约是 12 ～ 15 年，我们不知道 M2 是哪一年出生，但 2009 年最早拍到它的时候它应该至少有两岁了，这意味着此时它的年纪已经有 9 ～ 10 岁——在中国，从未有过对一只豹如此持久的监测，从未真正有人见过一只豹是如何度过它生命中如此精彩的一段历程的。

虽然我从未在野外见过它，但是 M2 似乎已经是我的一个老相识，每次踏上

荣耀石，我都会想：哦，这家伙会不会就在附近？多年来我亲眼目睹山林的变化：毫无节制的山区防火道修建、在山脊上留下丑陋疤痕的风电开发、越来越多的牛、日益猖獗的电网盗猎……这让我们对这些豹的担忧日益加剧。虽然我们采取了很多措施，比如生态补偿、日常巡护，但它们依然在面对着越来越严峻的生存问题。

不过M2显然比我想象的更加聪明。我很难想象它是如何周旋于种种威胁之间，却多年来一直完好无损。然而这次面对自然界同类的挑战，它还能像过去那样无往而不利吗？

到了2016年年底，我很担心地发现M2的活动范围事实上已经变小了很多，大约只有过去的三分之二左右或者更小。而那只新出现的年轻雄豹——在采用了新的命名体系后它被命名为M4——令人惊讶地出现在M2的领地里。它似乎有些肆无忌惮地四处打探，在很短时间内几乎走遍了M2领地东侧的大部分地区。看上去新的M4并不打算像过去那些“流浪汉”那样悄然离开，而是很坚定地要成为一个挑战者。

2017 年 1 月的一天，老魏给我打电话说山上的相机拍到两只豹子在一起玩，我听了感到蹊跷，便让他把数据发过来。看到画面上的两只豹后，我惊讶地发现这其实不是在嬉戏，而是两只豹在进行爱的交流——这或许是第一次在野外记录到华北豹的发情和交配。经过花纹比对，我们发现这只雄豹正是 M4，而雌豹则是一只新出现的个体。这让我的心情很难描述：这个机位过去拍到的雄豹是 M2，此

时的场景似乎意味着新王即将诞生。

然而 M2 再次刷新了我的认知。2017 年夏季，局势再次有了变化：M4 并没有再频繁出现在 M2 的领地里，而是更多地活动于 M2 领地东边的 CTS 林场——这两只雄豹似乎达成了某种默契，在各自的领地之间留下了一段缓冲区，无论哪一方都不会轻易涉足这一地带。我很怀疑这种默契并不是一次和平会谈后的结果，天知道它们俩到底是怎么进行领土谈判的。

我猜测其实 M4 能够在这里留下来，更大的可能是为了填补 CTS 林场雄豹的空白，它或许还没有强大到能挑战 M2 的程度。而 M2 则在阔别 4 年之后再次出现在 QC 林场，在那个最早拍到它的山脊上。十年过去了，每当我觉得自己对它了解了更多一些，它就总是会做出一些我无法理解的事情，或许我永远也不能真的了解这只雄豹。

我不知道我与 M2 还能相处多久。无论如何，我所知道的是在这十年间，M2 的血脉早已伴随着年轻华北豹的脚步扩散到了太行山的丛林间。很多时候我觉得，它的坚持似乎比我们的坚持意义更加重大，因为 M2 就是一个象征，象征着太行山一直保留着的那份所剩无几的野性，而我们则只是几个有幸看到这一幕的外人罢了。

注：本篇图片来自猫科动物保护联盟。

黑鹳

雨后青山

“白头隼”是一位野生鸟类摄影爱好者给自己起的网名。隼，是一类食肉的猛禽，主要以捕食鸟类为生。老先生原是捕鸟的，现在却是用隼一样的眼睛找鸟、观鸟，再加上一头花白的头发，他索性给自己取名为“白头隼”。

当远处的黑鹳一步步走近我们的帐篷的时候，周围静得出奇，似乎这世上只剩下黑鹳，我，还有同我在一个帐篷里的鸟友“白头隼”。

我屏住呼吸，生怕那一丁点喘息的声音会惊扰到黑鹳。我能清楚地听见自己咚咚的心跳声，也能听见黑鹳那修长的红腿蹚起水花的声音。

120米、100米、80米……黑鹳离我们越来越近，我的眼睛紧盯相机的取景器，手指一刻也不敢离开快门，偶尔按上几张，生怕漏拍了每一个精彩的瞬间。身边的鸟友“白头隼”同样也是眼贴取景器，手放在快门上，眼睛的余光还时不时看看我；为避免我无意间会弄出些许声音，偶尔还用左手轻轻示意我千万不要乱动。而黑鹳倒是不慌不忙，一边吃一边走，完全忽视了我们这顶伪装帐篷的存在。

黑鹳成鸟长着长长的鲜红色的嘴和腿。它们的鼻孔很小，小得让你很难找到鼻孔的位置。眼睛也不算大，但有个很明显的红眼圈。身上的羽毛么，说是黑色吧又不全是，在不同角度的强光照射下可以变换多种颜色。譬如有的时候，一片羽毛黑、一片羽毛紫、一片羽毛绿；有的时候又好似是一大片的紫、一大片的绿，一动却又变成浑身都是黑的；脖子那儿是绿的，绿中还夹杂着紫；刚才还是黑色的脸，一转眼又变成紫红色的了……每一种颜色都透着金属般的光泽。的确就是这样，黑鹳的整个身体上除了白色不会变以外，其他任何部位都像万花筒一样在不断变化着色彩，非常好看，难怪有人称它为“彩鹳”。

不过与光鲜的成鸟相比，黑鹳的幼鸟或亚成鸟简直没法看：嘴和腿没有那么红，身上该黑的地方不是那么黑，该白的地方不是那么白，该紫的地方也不是那么紫，

黑鹳

更别提金属光泽了。

黑鹳对觅食区域的水质要求很高，水既要清澈见底，又不能太深，不能淹没腿（即水深一般不超过 40 厘米）。黑鹳之所以在冬季的十渡较常见而在夏季很难见到，是因为夏天游人多、天气热，黑鹳就集体到无人干扰的山上或崖壁上避暑以及生儿育女去了。

陆续又有几只黑鹳飞到这里觅食，它们喜欢这里是因为这里的河流常年不结冰，河水清澈无污染，而且食物充足，有很多小鱼小虾。突然间一阵骚动，只见一只黑鹳叼着一条大鱼跑在前面，另外两只黑鹳跟随其后紧追不舍：前面叼鱼跑

的是连滚带爬，后面追的则是腾空踩水……其中一只黑鹳亚成鸟追过来时在冰面上来了个“急刹车”，可是那哪儿能刹得住呀，只见它张开翅膀坐在冰面上滑行了足足有五米远……前面那只跑着跑着，突然鱼掉到了水里，于是它将长嘴迅速插到水里，又把鱼捉出了水面，然后狼吞虎咽，三口两口就把大鱼吞下肚了，飞溅而起的水花也随之平静下来……在这个过程中，我们两个人的相机快门就像机关枪一样咔咔咔响个不停，每秒 11 张的高速连拍导致相机 90M/s 的存储速度都不够用了，甚至还会出现卡壳、按不下快门。

吃到了大鱼的黑鹳或许是想得意地卖弄下，或许是一天的饭量吃足了有些无聊，或许是跑累了想趁机休息会儿，它跳上冰面，站在上面打了一个长长的嗝，又懒懒地伸了伸翅膀。我们也由此欣赏到鹳羽色彩斑斓的变化。等它炫耀够了，它就静静地站在冰面上一动不动，美滋滋地看着其他几只黑鹳忙忙碌碌地在水中找食物。

“白头隼”长长舒了一口气，开始翻看刚才拍的一组争食片子。他放大了一张一张看，眼睛虚的删，眼神没有亮光的删……当他翻到一张三只黑鹳都张开翅膀向前扑准备入水抢鱼的片子时，脸上微微一笑，同时朝我伸出大拇哥。

我跟“白头隼”一起拍鸟差不多近一年时间，他可称得上是“鸟人”中的老人了。年近七十的“白头隼”与鸟打了一辈子交道，年轻时靠打猎为生，现在他老人家放下猎枪，成了保护区的一名管理人员。当年他为了谋生而去了解野生动物（包括鸟类的习性），现如今也恰恰因为了解鸟类的习性，而成为了一名优秀的鸟类保护工作者。他知道每种鸟的觅食地、繁殖时间、繁殖地、栖息地，并且会有重点地巡视鸟类的繁殖地，以免鸟类受到伤害。

突然，所有黑鹳都一动不动略带紧张地看向我们右侧，于是我顺着黑鹳的目光搜寻，只见一人穿着水裤，坐在一个用废旧汽车内胎做的筏子里，手里拿着杆子，杆子一端有一个网状的兜，正不停地从河里捞小鱼小虾，一边捞一边向前移动……此时他离黑鹳已经很近了，最多也就50米左右。当他移动到离黑鹳约30米的时候，黑鹳再也无法忍受，于是纷纷飞走了……

黑鹳飞走后，我趁机和“白头隼”老师聊了会儿如何接近鸟类的话题。

接近的目的

我问“白头隼”老师：“假如我们不用帐篷作为隐蔽，而是很慢很慢地一点一点靠近黑鹳，最多也就走到距离黑鹳50米的地方，再接近的话它们肯定就飞了，可是为什么捞小鱼的农民能离它们那么近呢？”

“很简单啊，”“白头隼”老师对这种现象习以为常，“鸟也会判断人的行为。它们一看人类不是冲着它们来的，根本就不理睬。譬如刚才黑鹳看见远处的农民是来捕鱼的，它就仍然自顾自地捕食。类似的情况还有很多，比如春耕的时候，有的鸟会直接跟在农耕车的后面，在农民刚翻出的新土里找食物吃；在海上，海鸥会跟在轮船的后面，在浪花里找鱼吃；农家院子周围的鸟一般也不害怕院子主人，这都是同样的道理。对了，你平时开车有没有看见过路边的树桩上站着猛禽？”

“看见过。”

“很多车来来回回走，树上的猛禽根本不理睬吧。可假如你要拿出相机，只要一停车，它们马上就飞，因为它们知道你是冲它们来的。还有，农民在农田里锄地，鸟通常都不会害怕，但假如你扮成农民，拿着相机对着它，它就会害怕。”

鸟的安全距离

“当然，不同的鸟类会有不同的安全距离，”“白头隼”老师接着补充，“譬如大鸨，你想开车接近到距离它 100 米都是很难的。即使是干活儿的农民，只要走到离大鸨 200 米的地方，大鸨就会开始远离，并始终保持至少 200 米的安全距离。可是水鸟中的红颈瓣蹼鹬、林鸟中的松雀，哪怕我们没有任何伪装，也可以在 10 米以内接近它们，更不用说耕种的农民了。”

避免直面、对视（合理采用帐篷等掩体）

“另外，鸟特别害怕跟人对视，”“白头隼”老师提醒道，“只要一对视，它们准跑！你可以通过相机的取景器看它们，但最好不要直勾勾地看它们。”

“对哦，还真是您说的那么回事。我就经常看着鸟靠近，可还没等走近它们就飞了。按您说的，我们是不是只要在伪装帐篷里静守就没问题了？”

“倒未必。帐篷的确在多数时候非常有效，但不尽然。很多时候，鸟只要一看环境有了变化就不会轻易靠近，有的鸟需要适应几天或几十天才敢接近帐篷，有的则干脆不来这个地方了。假如你在一段时间内把帐篷放在一个固定位置上不动，那多数情况下是没有问题的。记得有一次我在公路边发现了白胸苦恶鸟，因为那儿的来往车辆比较多，我就坐在车里拍，偶尔它也会走到离我很近的地方。后来我想拍点儿低角度的，就赶在第二天一大早支好了帐篷，可是白胸苦恶鸟压根儿不往帐篷的方向来。我这才明白它已经适应了路上天天来往的汽车，反而不能适应突然新支的帐篷。”

“噢，明白了。”

“还有一点也值得注意，帐篷的数量切忌不能太多。记得有一次大家都等在一个地方准备拍翠鸟，大概支了30多顶帐篷，结果纯属瞎折腾，翠鸟早就吓跑了，看这架势哪还敢飞过来呀。另外，不同的鸟对帐篷的隐蔽程度的要求也是不一样的。我们以前在长白山拍中华秋沙鸭时就要很小心，但凡鸭子能透过一丁点缝隙看到你，它们立刻撒腿就跑。”

保持相对安静

“怪不得刚才在帐篷里，您示意我不要出声呢。”

“当然啊，在帐篷里是不能大声说话的。虽然鸟听不懂人类说的是啥，但它们照样会警觉，有的鸟在你按第一下快门时都会吓一跳。当年在洋县拍红腹锦鸡的时候，我们不仅用农田里的玉米秸秆搭好了伪装——那可比伪装帐篷强多了，而且每个人都把手机调成静音状态，更别提互相说话了。”

观鸟的地域性差别

听了“白头隼”老师的一番话，我深有感触，越发想进一步和他探讨如何才能接近鸟。于是我问道：“关于如何靠近鸟类，除了之前您提到的人的行为因素、鸟自己的安全距离、做好伪装、不要发出声音干扰鸟之外，会不会还存在地域差别，就是说鸟类在不同的地方、不同的环境下，人类能接近它们的程度是不是也不同呢？”

“说详细一点。”

“比如，虽然我没有去过澳大利亚，但听说澳大利亚的鸟大多都可以离人非常近，那里的人与鸟相处和谐，它们甚至敢飞到你的饭桌上来抢食。因为在美国，我就曾亲眼见过铃铛鸟跳到桌上和我抢东西吃。即便是同样一种鸟，在有人伤害它们的地方，哪怕距离人还有50米它们就飞走；相反在没有人伤害它们的地方，鸟就变得很容易接近，甚至飞到距离人10米以内。好比在西藏，因为人们信奉佛教、不杀生，自然没有人捕鸟，鸟就不怎么怕人，我亲身经历过曙红朱雀、拟大朱雀飞到离我 3 米左右的地方来喝水，我想在澳大利亚也大抵如此吧。在中国，有一些寺庙的僧人会经常喂鸟，如山西玄中寺的褐马鸡、西藏雄色寺的藏马鸡都早已习惯被僧人喂食，所以根本不怕人，它们甚至敢到你的手上来啄食。也有一些鸟，由于生活在人迹罕至的地方，它们见到人就像是初生牛犊不怕虎，不是很害怕。还有一些鸟则好像天生不怎么怕人，记得有一年长春净月潭公园来了十多只罕见的松雀，它们刚来那会儿根本不怕人，可是晨练的人见松雀在树上吃食时距离很近，就总喜欢用手去摸，一来二去松雀反倒开始怕人了。”

“的确是那么回事。营造一个人鸟和谐的环境是我们共同的期望，只有与鸟和谐相处，才能更好地接近鸟。当然，这个近不是无限的近，而是相对那些会有人伤害鸟的地方而言，鸟要容易接近些。希望能通过我们的努力，缩短鸟自身的安全距离。”“白头隼”老师接着说，“其实鸟是非常有灵性的，可以说不比人笨，跟人也有很多相同之处。举个例子，可能不是那么恰当，有的人天生怕狗，他们一见到狗就会躲得远远的；相反有的人天生不怕狗，只要狗不是狂叫着向他冲过来，他就不害怕。可是对绝大多数人而言，一般都不会害怕宠物狗或者邻居家熟悉的狗； 但假如来到一个偏远陌生的地方，只要见到狗自然而然就会警觉。某种程度上说，鸟见了人与人见了狗是一样的。两者之间的最大区别在于，人可以随意拿起一根棍子或石头给自己壮胆，从而把狗吓退；但鸟却没有办法拿起一个既能给它们壮胆同时又让人害怕的东西，所以只能是飞走。”

严禁干扰鸟的正常生活（慎拍育雏片）

“‘白头隼’老师，我还有一个问题，在鸟巢附近是不是算离鸟很近了？”老人看了我一眼，低下头思索片刻说：“是的，但我们不提倡那样做。如果人在鸟筑巢的阶段太过接近，鸟就可能立刻更换另一个地方重新筑巢；倘若在孵化阶段有人离它们太近，鸟极可能弃巢弃蛋，那么孵化就彻底失败了；如果是在育雏阶段人离得太近，亲鸟甚至都不敢飞回来喂小鸟，小鸟就可能被活活饿死；也许有的亲鸟会不顾一切地继续喂小鸟，但是那得承受多大的恐惧啊？就好比让人在狼群附近抚养孩子，这当父母的会是啥心情呀？”

说着说着，老人不由开始动怒，他谴责道：“可恨的是，有些人会把翅膀还没长全、不能独立飞行的幼鸟从巢里拿出来放在一根树枝上，甚至用绳绑、用针钉，为的就是能拍到亲鸟过来喂幼鸟的片子，你说这种片子要来何用？更有甚者为了能拍清楚鸟在巢内育雏的片子，竟然把鸟巢周围的枝条剪掉，甚至把巢完全破坏掉，一点生态摄影的道德都没有。”

老人越说越激动，眼睛也瞪大了，我只好赶紧避开老人那刀子般锐利的目光，低下了头。记得当初刚开始拍鸟的时候，我也看见过别人修剪鸟巢边上的枝子，当时的我不仅没有制止，相反还去帮忙。我本想坦承自己曾犯过的错误，可又怕惹老人生气，所以话到嘴边还是没敢说。

切忌伤害鸟的诱拍

随后我赶紧转移话题，继续问老人：“您对诱拍怎么看？”

“诱拍分为音诱和食诱。音诱的方法不同，每个人的做法也不一样。拍鸟的人大多会事先录好鸟鸣，然后带过去反复播放；养鸟的人则多会带上笼子里养的鸟，用真鸟声诱；也有人会打口哨、学鸟叫。音诱一般在繁殖季节比较有效，关于音诱的争论倒是不多，因为确实有助于接近鸟，似乎也没有多少严厉的反对意见。而对于食诱，争议就比较大，观鸟的人基本全部持反对意见，拍鸟的人则部分赞成部分反对。我个人的看法是，关键要看是否对鸟造成伤害，譬如用鱼线、大头针来固定食物就很容易伤害鸟，因为鸟很可能无意把鱼线的一部分或大头针吞下去导致死亡，这种食诱方式我是坚决反对的。而有人说给鸟喂食会降低鸟在野外的捕食能力，对于这种说法我倒不是很赞成。”

又过了一会儿，帐篷外捞小鱼的人还在捕鱼，我们差不多已在帐篷内待了三个多小时，加厚的棉鞋也早已被冻透。“白头隼”老师似乎也感觉到有点冷，站起身对我说：“走吧，今天已经大丰收了！”

注：本篇图片来自雨后青山。

北京天坛的长耳鸮

高翔

北京的天坛，也许是你再熟悉不过的一个地方了。对于从外地来的游客们，天坛是世界著名的旅游景点；对于北京的市民，天坛就是身边的绿色氧吧。不仅那里的建筑是我们人类的瑰宝，而且天坛公园里还生活着你意想不到的“邻居们”。

明清以来天坛广植松柏，如今天坛的松柏林已经成为北京市内最大的一处人工绿地。除了古老的苍松翠柏，这里也有很多阔叶树和灌丛，丰富的林带为不少城市野生动物提供了足够的食物以及相对舒适安全的生活环境，而鸟类则是这里的最大受益者。成片的树林为它们提供了理想的迁徙停歇、繁殖和越冬之地。作为北京的冬候鸟，长耳鸮把这里当作越冬的场所，每到冬季都会如约而至，它们在观鸟人的眼中也俨然成为天坛冬季最著名的“明星”。

初识长耳鸮

在 2007 年，我无意间看到了一些观鸟者在天坛观察长耳鸮后发到论坛的图片与文章。这个顶着两只耳朵的家伙一下子吸引了我，我也想一睹它的真容。在一般人看来，猫头鹰神秘而难得一见，对于当时刚刚接触观鸟的我来说，想在天坛公园内找到长耳鸮，还是挺有难度的。

当我们第一次来到天坛公园时，感到有点不知所措。印象里我还是小时候来过天坛公园，那时对这里完全没有空间大小的认知，如今，硕大的公园让我去哪里找长耳鸮的栖落地点呢？寻找长耳鸮的计划一开始就遇到了不可想象的困难。

开始我想通过论坛求助长耳鸮的具体地点，但并未如愿。当时我只是一个初出茅庐的菜鸟，没有人愿意把信息告诉我。于是，从 2007 年 11 月开始，只要有机会，我就和朋友去天坛溜达，试图找到长耳鸮的蛛丝马迹。然而连续两个月，我都没能看到长耳鸮，随身带的相机也就只记录了一些冬季在公园中努力求生的其他鸟类。

2008 年来了，进入新年后我又迫不及待地开始寻找长耳鸮。1 月 6 号——对

长耳鸮羽毛的颜色与花纹能和环境融为一体

于我来说很有意义的一天，这天我终于和长耳鸮有了交集，也是从这一天、这一年开始，我心中多了一份牵挂。当天我和朋友还是在公园中盲目寻找着，但比起去年，我做了一些功课，了解到天坛长耳鸮主要集中在公园东南部地区。于是，我和朋友就把注意力更多集中在那里。在我们绕过南神厨的围墙后，我在前面不远的树下发现了两个人，他们把相机架在三脚架上，对着树上正在拍着什么。我突然感到他们可能就在拍长耳鸮，于是加快脚步，来到离他俩不远的地方。透过树冠缝隙，我对着他们镜头瞄准的位置看去——果然是长耳鸮！终于找到了。它正在望向树下拍照的两个人。

在天坛公园的长耳鸮们白天通常会选择常绿树作为自己隐藏栖息的树种。长耳鸮长着一双满是羽毛的带钩利爪，看上去好似穿着一双冬靴，外侧的脚趾可以随时转到后方，使脚趾变成两前两后，便于抓牢栖息的树枝。

第一眼看到长耳鸮后，我先是拍了几张照片，接着赶紧告诉朋友，周围一定还有它的其他同伴，一起找找看。因为越冬期间的长耳鸮总是成群结队。果不其然，我们总共找到了 15 只。我挑了一只被树枝遮挡不严重的长耳鸮，举起相机开始拍照。当时为了寻找过程中行走方便，没有随身带三脚架，而荫翳的树冠遮住了阳光，导致相机快门速度很慢。为了让照片不虚，我只好借助朋友的肩膀架好相机，以此提高拍摄的成功率了。

当我们刚走到树下时，长耳鸮警觉地瞪着橙红色的双眼，望着我们两个。我当时心里还是挺紧张的。其一，我是第一次与这种生物面对面，之前好像只在书中偶尔瞥见过它的名字；其二，我害怕由于我和朋友的接近，它会紧张而逃跑。所幸我们最终还是如愿走到了合适的拍摄位置。心中的紧张与暗淡的光线，使得刚开始拍的照片有点模糊。不过，配合的长耳鸮还是让我和它的第一次邂逅圆满而难忘。

相约在冬季

白天长耳鸮在没有任何干扰时，总是一副瞌睡虫的样子，一动不动地牢牢蹲在树杈上。整个白天长耳鸮大都如此。长耳鸮在选择它们日栖地点时往往非常精

长耳鸮白天主要隐藏在树枝间休息，偶尔也会梳理羽毛或舒展身体

确而固定，甚至固定到某根树枝。刚刚抵达越冬地点时的前几天，长耳鸮会变换栖枝，当它们一旦确定了一棵树，如果没有特殊原因，就会一直待到整个越冬季结束。后来接触其他地区的长耳鸮后，我发现天坛公园的长耳鸮更适应人类的出现和外界环境的干扰。但就是适应性如此强的种群，还是在 2015 年告别了那里。

翻看电脑中的“长耳鸮”文件夹，照片的拍摄时间停在了 2015 年 1 月 26 日。那是我最后一次和它在天坛公园接触。其实，在我看到长耳鸮之前的很多年前，长耳鸮就已经在天坛公园越冬了，当时的种群数量可以达到几十只。迁徙期间和冬季，长耳鸮常结成 10 ～ 20 只的群体，有时甚至可能会集结成多达 100 只以上的大群。

在我 2008 年年初与长耳鸮邂逅之后，在经过了一个温暖的春天、闷热的夏季

长耳鸮迁徙和越冬期间常结成 10 ～ 20 只的群体，有时甚至结成多达 100 只以上的大群

和热闹的奥运之后，2008 年深秋，我迎来了和长耳鸮的第二次交集。那年我很早就开始在老地方寻找它们的身影。10 月 19 日，老朋友终于回来了。可这个越冬季它们的数量只有原来的一半了。当时的我只是有些遗憾，但还未意识到这一现象背后的原因。

我和长耳鸮的第三个越冬季——2009 年年末，5 只。

这时的我开始意识到，天坛公园的长耳鸮数量正在以惊人的速度剧烈减少。我开始担心这个越冬种群的未来。我联系了一些观鸟组织，希望他们可以发挥自身优势，和园方共同调查并保护这里的长耳鸮，但都没有任何实质性的结果。

从 2009 年开始，数码相机发展迅速，原来受技术与经济条件限制的鸟类摄影如今逐渐简单易行而受到大众追捧，于是拍鸟圈里鱼龙混杂，一些无道德的拍摄

长耳鸮白天栖息的树下除了有食丸和粪便外，还会有它们掉落的羽毛

者也屡见不鲜。拍鸟队伍不断壮大，一些无德的拍照者对长耳鸮干扰严重，他们为了拍摄到长耳鸮大睁双眼的照片，而向这些白天需要休息的夜行性鸟类叫喊、拍巴掌、播放噪声，制造一切能够制造的响动。甚至还有人为了让白天根本不会轻易起飞的长耳鸮去“表演飞行”，而向它们投去石头、木棍……

2010 年开始，我想努力记录更多北京天坛公园越冬长耳鸮的瞬间，而不是那些它们受到干扰后似乎很美的瞬间。我想通过我的观察，让更多人看到，自然状态下的长耳鸮是如何在北京萧瑟的冬季生活的。

于是，寻找未被拍照者发现的长耳鸮就成为了首要的也是最难的任务。因为要在不干扰长耳鸮的同时，记录到它的行为，所以我要在合适的位置支好三脚架，将相机对准拍摄对象，自己还要时刻保持对它的专注度，不错过白天熟睡时的长耳鸮的一举一动。

天气的寒冷自不必说，要保持一动不动地观察，自己还可控制；最不可控的就是你身处公园，身边不停地有人经过，总有好奇的游客会到你身边探个究竟。而此时的长耳鸮也就不淡定了，总会不时看看下面的情况。不过，游人还只是匆匆过客，我最怕的就是碰到拍鸟者，若是被他们发现，那当天的等待就没有任何意义了……

经过一年的拍摄，我终于捕捉到了一些长耳鸮在白天未受干扰的状态。印象最深的就是长耳鸮吐食丸的过程，能够见到这一过程的人要么有很大的耐心，要么就是有非凡的好运。在一个一如往常的日子，好运降临到了我的头上。那天我刚刚来到树下，就发现长耳鸮突然躁动起来，本以为是我的到来影响了它，但只见那只长耳鸮张着喙，左右摇摆着身体，一副痛苦万分的模样。透过镜头，我看到一块有着鸡蛋大小的灰黑色物体从它的嘴里蠕动而出。我心里有说不出的兴奋，拿望远镜的手似乎有点抖动。只听“砰”的一声，食丸掉到了地上。走近看，黑色的食丸湿乎乎的，隐约可见其中夹杂着一些动物的毛发与骨头。

天色不完全黑下来，长耳鸮是不会离开日栖地点的

作为北京的冬候鸟，长耳鸮会飞来这里过冬

我们很难亲眼看到长耳鸮所捕食的猎物，但通过白天的一些观察，可以间接地了解长耳鸮夜间捕食的情况。经过一晚上的饱餐后，它们会在白天把难以消化的动物骨骼和毛发处理成食丸吐出体外。通过对食丸的分析就可以了解它们的食谱了。

因此收集食丸成为了解天坛长耳鸮的重要手段，而分析食丸的过程还带着些许刺激。因为你不知道食丸里包裹着什么。处理时，要先把从公园取回的食丸泡在酒精中，让毛发与骨骼慢慢散开；然后用镊子剔除杂质，使白色的头骨逐渐显现出来；这时再对着动物骨骼图鉴，去寻找骨头的主人。食丸中可能会出现颌骨、脊椎骨、指骨等等，这些骨头来自啮齿动物、翼手目动物、鸟类……

根据食丸的分析结果可得出结论：由于北京在全市范围内长时间定点投放鼠药，鼠类已很难在天坛长耳鸮的食丸中出现。这也与老城区的改造有一定的关系。从 2008 年后，天坛公园长耳鸮的食丸中几乎未出现过啮齿动物，被翼手目动物替代了。伏翼，也就是俗称的蝙蝠，成为了长耳鸮当时的重要食物来源之一。但很可惜的是，同样由于栖息地的减少，蝙蝠的数量也急剧下降。在最后的日子里，只有与人类相伴的树麻雀成为了天坛长耳鸮的主要食物。

夜访天坛

和树木接近的体羽颜色以及斑驳的羽毛图案让长耳鸮得以轻松隐藏在柏树林中。这样可以让它们安然度过白昼，迎接属于它们的黑夜。因此，神秘的夜晚成为了我想探究的重点。

夜晚不会突然而至，长耳鸮也需要时间去适应夜幕的降临。登上舞台的准备工作当然必不可少。观察长耳鸮投入黑暗之中真是一种不寻常的体验。这样的体验总是让我一次次地想要回到太阳沉入地平线下的那一刻……冬季温暖的太阳准备落下时，冷白色的天空逐渐变成暖暖的橘红色，这让享受了一整天阳光的人们有些恋恋不舍，在密林中等待的我也有同样的心情。但另一个即将蠢蠢欲动的生命又让我燃起无限的希望之火。

在针叶树树冠中躲藏了一天的长耳鸮准备进入它的活动时间了。出发前的“梳妆整理”自然是不能缺少。它开始睁开闭了将近一整天的眼睛。长耳鸮也不是整个白天都昏昏欲睡，周围有异常响动或者它想换个更舒服的姿势时，它都会不情愿似的醒来，橘黄色的虹膜异常醒目。它会先四处望一望，确认周围安全。但它似乎对我手中的手电光有些厌烦，开始不断打量我这个“不正常”的人类：圆圆的头转向左边瞧瞧，拧向右边瞪瞪，再努力够向前边探探，说不清是在活动颈部还是在探究那个不正常的亮光。这让我有点忘了冷，呼吸也有点困难，一动也不敢动。盘查一阵之后，它伸展了一下翅膀，狭长的双翅下是污白色的羽毛。配合伸展翅膀的同时，它还要蹬蹬双腿，那上面也布满了污白色的羽毛。它眯起了眼睛，开始整理身上的羽衣和那双毛茸茸的“冬靴”。梳理羽毛时，背后、腹部、翅下……一处也不能漏掉，最重要的就是翅膀上的飞羽和屁股上的尾羽。每一根羽毛它都仔仔细细地用喙啄过、咬住、轻拽……不时传来咔咔的响声，那是长耳鸮清理自己指甲的声音，那是尖锐的喙和锋利的爪在黑暗中碰撞的声音。清理完毕，长耳鸮还要将身体抖一抖，除去白天的疲惫，让黑夜的血液流淌到全身。这时，忽见一根羽毛从它身体中滑落，飘飘悠悠地飞出了手电的光晕，如同长耳鸮投入了黑夜。似乎夜晚有着仪式一般的到来，有一种我们看不到的神秘力量在指引着这群夜行者。

越冬时长耳鸮都以集群的形式活动，它们常会一起飞离白天栖息的柏树。第一只飞走后，其他同伴便会一只一只地紧随其后。但有时也会遇到一些“赖床”的家伙，这时，那些“早起”的同伴就会飞回召唤它们。有一次，就是这种场景感动了我。当时，我并没有像第一次观察那样，用光线照亮长耳鸮所在的位置。而是静静地躲在黑暗中，透过漆黑的柏树林，衬着还有少许光亮的夜空背景凝视。周围的家伙都离开了，唯独我聚焦的那只还躲藏在黑黑的柏树林里。我能看到它在动，但就是没有起飞。突然，一只长耳鸮从我正面飞来，距离我非常近，近得我可以在黑暗中看清它的面部。它从我头顶掠过，快速完成一个折返，瞬间拂过那个掉队的同伴周围。紧接着，一直躲在树冠中的那只长耳鸮起身飞走了，朝着同伴的方向而去。据说越冬期的长耳鸮可能具有集体联合捕猎的习性。可能正是因此，我才看到了它们彼此的召唤。

长耳鸮极具仪式感地投入黑暗的过程，让我集中看到了许多它们的行为，也最让我期待、激动，甚至有些遗憾。

通过优异的夜视能力、听觉以及悄无声息的飞行，长耳鸮可以在黑夜中捕捉猎物和躲避天敌。想要在夜晚看到长耳鸮的一切活动几乎是不可能的。我在天坛公园“夜巡”多次都未能如愿，至今我还在其他地区找寻长耳鸮种群，想尝试夜晚的观察和拍摄。黑夜，让我看不到任何我所期待的画面，却让它们游刃有余。有遗憾，也有欣慰，我可能在那一刻会讨厌夜晚，但这也更让我期待和喜欢那个瞬间，只因那只在夜晚从我头顶悄无声息飞过的长耳鸮。

时间回到 2015 年 1 月 26 日，那是我与天坛长耳鸮的最后一次见面。当季，只有一只长耳鸮在这个喧嚣的地方度过了寒冬。2015 年年初成为了长耳鸮在天坛公园的最后一次越冬季。2015 年年末，当我再次回到老地方，却见不到老朋友了。

怀念老朋友

虽然如今的天坛已没有了冬日如约而来的长耳鸮，但这种鸟类毕竟曾在人类的聚集地找到了生存之道。栖息地的改变、人类的威胁、食物的减少，甚至全球气候的变化都为这种神秘的天坛住客带来了未知的变化。天坛夜晚的天空中不会再有那些黑色的身影——尽管这在许多人眼中算不上什么大事，也更不可能褪去天坛在人们心目中的辉煌与伟大——但我的内心始终认为，如果在这座全世界最大的祭天场所内依然生活着真正的天空之子，它将为这座城市增加一种传统中国式的人与自然的和谐关系，也将更好地体现天坛建筑群落的精髓——突出天空的辽阔与高远，以及“天”的至高无上。

对于野生鸟类而言，在今天的城市中最危险的除了食物短缺、人为干扰，就要数那些光彩夺目的玻璃幕墙、高楼大厦以及不断变化的环境了。印度圣雄甘地曾说过，一个国家的伟大和文明，可以从他们如何对待动物来衡量。据北京猛禽救助中心的工作人员介绍，近年来，被送到救助中心的猫头鹰的数量逐年增加。由起初的每年只有几只，到如今每年多达 200 多只左右。关于这个变化，一个原因可能是人们保护动物的意识增强了，另一个重要原因可能就是城市环境对这些夜行性猛禽的生存而言变得越来越险恶了。对于它们来说，玻璃外墙以及高层建筑环境令原本宽广的天空增加了许多危险。林立的高楼、废弃的风筝线与喧闹的人群，使城市正在成为一个遍布陷阱的危险之地。可它们依旧不愿抛下我们，仍想顽强地陪伴在我们身边。

如今我仍会在冬季夜访天坛。黑夜已经笼罩了整个公园，透过手电的光亮，能看到下了一天的雪丝毫没有停止的意思，只是比白天稍微小了一些。我仿佛看到有两只长耳鸮依然站在那黝黑的树冠中。它们开始梳理羽毛，其中一只抖动身体，让堆积在身上的雪花飘落；另一只开始伸展双脚，甚至还张着嘴打了个哈欠，然后将头埋入厚实的翅膀下开始整理，一根雪白的绒羽从它的腹部飘落，随着雪花一同融入了黑夜中。

注：本篇图片来自高翔。

第三部分　编导感悟

天涯碧草

草原，也许是所有生态系统中最能让人产生自由感的地方。海阔凭鱼跃，天高任鸟飞，而只有辽阔的草原能够给我们人类提供类似的体验。“敕勒川，阴山下。天似穹庐，笼盖四野。天苍苍，野茫茫。风吹草低见牛羊。”《敕勒歌》给了我们对于草原最初的想象，但是第一次看见草原，我却是在山顶。

那是高中的第一个暑假，在刚刚结束期末考试但成绩还没有公布的充满兴奋感而又无拘无束的空隙，我们自行集结的由十余人组成的小团队决定去征服家乡丘陵地带的最高的山峰。那时候还没有 4A 景区，没有国家森林公园，也没有客栈，没有索道，只有看不到尽头的石阶和爬也爬不完的山头。终于，在夜幕降临后，我们在先遣部队手电筒的导引下到达了山顶。四周漆黑一片，关掉手电筒，真的能体会到伸手不见五指的感觉。这样的暗黑体验现在想来也实属难得。山顶只有一个孤零零的石头搭建的小房子，平时也没有人住，后来我才知道那原本是个祭坛。年少时旺盛而无处发泄的体力让我们在夏日结束高强度拉练般的登顶后，还能抵抗着山顶上如同冬天般的低温，继续兴致盎然地秉烛夜谈，等待天亮。当目力所及开始透着微微的亮光，我们走出祭坛，准备迎接日出。但是首先迎接我的是几乎要把我裹挟着吹跑的大风。借着微弱的光线我才发现，原来四周如此空旷，完全不似山顶的狭小局促；这里更像是一个长长的缓坡，长满了野草，长长的野草在大风的吹拂下此起彼伏，形成草浪。我不敢往边缘处走，因为不知道那深深的草浪下面是实是虚，也害怕一阵狂风就可以把我从脚踏实地的山顶带到草浪里，说不定下面就是被遮盖的悬崖。出乎意料的高山草场与瑰丽的云海日出都是这次登顶之旅给我留下深刻印象的画面，虽然我那时候没有意识到这是我第一次看到草原，而且是在我位于丘陵地带的家乡。后来经过同样艰难的下山和舟车劳顿，我精疲力竭地回到了家。妈妈说当她打开家门看到我时，几乎以为戴着草帽、拿着竹竿拐杖、挎着书包的我是上门乞讨的外乡客，我那疲惫的样子似乎是刚走过草地的红小兵。睡了一天一夜，我才“恢复原形”，重新回到那个需要面对考试成绩、面对暑假作业的世界。很多年后，我们曾经登顶的那座山被开发成了一线城市驴友们户外徒步的打卡之处，成为旅游创收的景区，也有了很多美丽的风景大片。这时候我才真正全景式地看到印象中的那个长满了长长野草的山顶，原来它是世界上同纬度高山中绝无仅有的高山草甸。在海拔 1600 多米的山顶，大风、低温和稀薄的土壤让树木无法生长，约 70 平方公里的草甸绵延于高山之巅，只是“风吹草低处”没有牛羊。

在我们的传统认知当中，中国是一个农业大国，但其实中国也是世界上草原资源最丰富的国家之一，草原总面积是现有耕地面积的 3 倍。将近 400 万平方公里的草原，占中国土地总面积的 40%，是世界上最宽广的草原地带——欧亚草原的组成部分，包括高山草原、荒漠草原和典型草原。就像生长于丘陵地带的南方人无法想象草原的宽广和粗犷一样，来自西北的汉子初到南方都会惊艳于水乡的温润与细腻。地域环境塑造了当地的人，也塑造着当地所有的物种。在远离海洋的内陆，草原因为干旱、寒冷还有大风，成为恶劣气候条件下极其脆弱的一个生态系统，四季迥异的景观时刻在提醒着这里的居民生存不易，也彰显着这些生物

鼠兔是青藏高原最常见的物种之一

的顽强生命力。就如同原上草，虽然一岁一枯荣，但是春风吹又生。

《草原》这一集我们是从世界屋脊青藏高原开始的。这也是我们最后开拍的部分。从已经是鸟语花香、春风拂面的低海拔平原奔向世界的第三极，迎接摄制组的是大地飘雪、龙卷风肆虐和沙尘暴来袭，还有时间不长的蔚蓝的晴天。其实这也算老天爷给我们的厚待，让我们在不长的拍摄期中拍到了青藏高原的居民们日常生活要面临的严苛自然环境的常态。

距离现在大约 700 万年前，中国草原的轮廓开始渐渐成形。青藏高原的草原群落形成最晚，如今我们看到的世界屋脊上的草原大约已经在地球上存在了 2 万到 10 万年。随着草原植被的形成，也渐渐出现了特定的动物类群。在世界的第三极，动物都需要有面对严苛生存环境的本领，它们很多都是青藏高原的特有种。草原单位面积的动物量在陆地生态系统中是位居前列的。即便是在位于青藏高原这样高海拔地区的草原，这支摄影小分队拍到的动物数量和种类也让其他集的摄制组羡慕不已。

就在牧民家附近，我们拍到了成片出现的藏原羚和普氏原羚。一开始有点傻傻分不清，最后藏原羚那形状有点像桃心的大白屁股把我们从辨认困难症中解救了出来。中国是世界上哺乳动物种类最丰富的国家，而普氏原羚是中国特有的哺乳动物中数量最少的物种，也是中国乃至世界的有蹄类动物中最濒危的物种。牦牛是世界上除了人类以外生活在海拔最高处的哺乳动物，被誉为“高原方舟”。它是青藏高原特有的物种，世界上超过九成的牦牛都生活在青藏高原及其毗邻地区，中国也是世界上牦牛种类最多的国家。鼠兔则是这里最常见的物种之一。世界上共有 30 种鼠兔，中国就有 24 个种别，其中 10 个种别只在中国才有，9 种是西藏特有种。对于鼠兔大量存在是否是一件好事存在争议，比如到底是鼠兔造成了草场退化还是它们只是草场退化的标志？不论如何，它们作为食草动物确实是维系整个草原食物链非常重要的一环。

植物作为草原初级生产者所创造的有机物为各种植食动物所取食。植物所固定的太阳能量沿着食物链逐级传递。虽然草原的生物之间组成了复杂的食物链，但是追根溯源，这里最初的能量供给都来自于原上草。牧民的羊群依赖牧场，草原上所有的动物也都依赖着草原上的植物。它们是这里所有动物的“衣食父母”。但是在所有生态系统中，草原因为降水稀少和巨大的蒸发量导致它生产力比较低下，而这个低生产力的生态系统支撑着一个复杂的食物网络。在原始状态下，物种间通过相互制约和自然调节而保持相对的稳定与平衡。但在工业社会巨大需求的刺激下，家畜数量剧增，甚至代替了野生食草动物，使得草原上的动物种类贫乏，食物链缩短，草原的生态系统就会变得更加脆弱。而在这个脆弱的生态系统中，冬春相交之时正是食物极度匮乏的时候，猎捕成为我们此次拍摄的主题。

兔狲是伏击的捕猎者

所以食肉类动物才是我们这次拍摄更大的收获。为了养育今年新添的一窝小崽，“网红”藏狐让我们见识了什么才是本领高超的猎手。它可以拼耐心进行伏击，也可以靠智慧进行奇袭，甚至还懂得瓮中捉鳖。但即便是这么一流的高手，捕食也从来不易。我们看到了它太多次的放弃和失手，但是也看到了它更多次的坚持。每次有所收获，它都会将猎物带回藏着幼崽的洞穴，然后再次出发捕猎。空中的猎手大鵟对猎物的洞察力更是高超，从高空锁定目标，再到俯冲抓捕，这个精准度与判断力完全可以傲视群雄。兔狲是华美的猫科动物，虽然它们的体型实际上只有家猫大小，但在我们的镜头中却拥有虎豹般的气场。厚实的皮毛让它们自带贵族气质。虽然它们是“小短腿”，不具备其他猫科动物的速度，但是在捕猎时也是动静自如的一流高手，从蹲守到出击一气呵成。这就是草原植食性动物，特别是鼠兔要面临的生存环境，因为这些肉食动物都是它们的天敌。所以它们会“狡兔三窟”，多挖洞、广积粮；会与白腰雪雀互惠互利，让它成为自己的情报员；会性早熟且有强大的繁殖能力，又快又多地生产后代。大自然似乎为每一个物种都搭配了相应的本领，让它们相生相克。

而在森林与草原的过渡地带，春天充满了相亲相爱的温暖。整个草原就像是

黑喉雪雀的雏鸟正在等待母亲的投喂

蓑羽鹤一家四口在草原上散步

一个巨大的“育婴堂”。我想所有陷入育儿焦虑症的父母都可以好好观摩一下草原上的这些“父母”是如何抚育下一代的。黑喉雪雀身形小巧，但是为了喂饱已经和它一般大小的五只雏鸟，它一刻不停地为它们捕食。这种辛苦即便是作为看客的我们也能感同身受。巨大的捕食压力似乎让它没有时间教育下一代，但是雏鸟们已经开始慢慢摸索着飞行，即便它们明明是想往前飞，最后却落在了后面。不过没关系，它们会在自学中慢慢长大。

蓑羽鹤夫妇也许会让很多人艳羡。因为从孵蛋开始，蓑羽鹤夫妇就轮流分工，共同承担起生养下一代的重担。它们也在学习如何成为一对合格的父母。从雏鸟出壳到学会飞翔之前，能够飞越珠穆朗玛峰的蓑羽鹤夫妇就放弃了飞行，一直在草原上陪伴着雏鸟长大。它们也会遇到雏鸟不愿离开自己羽翼的怀抱、偷懒不想练习走路的情形，也会遇到雏鸟挑食的时候，也会在散步中不小心踢到雏鸟，也要面对两个不同大小的孩子如何做到公平这样的问题。但是蓑羽鹤夫妇似乎是一对完美的父母，在育儿的过程中我们只看到了耐心、温馨和循循善诱。我们日常生活中经常可以看到的年轻父母的骄纵、宠溺、暴躁甚至歇斯底里，在它们跨越春夏秋三季的育儿过程中都没有被我们的镜头捕捉到。如何为人父母，我想蓑羽鹤是一个很好的榜样。

父母对自己的孩子都会有期盼，特别是那些有成就的父母。但是在面对自己的幼子时，也要允许它们有成长的时间和过程。草原雕绝对是草原霸主般的存在，但是刚出生的雏鸟就是可怜虫一样的白色小绒球，就连正午的阳光都会让它们感到炙烤般的难受。这样软弱和稚嫩的雏鸟如何能与成年后的霸主形象挂钩？但是草原雕妈妈并没有因此嫌弃它们，而是化身一把遮阳伞，随着太阳位置的变化，半张着翅膀移动位置，为孩子们挡住阳光。

草原上的父母们都在用自己的方式养育着下一代，而这些在父母陪伴下成长的雏鸟也都顺利长大。过程中我们能感受到草原居民们深深的不易，它们面临的生存压力巨大，但是它们的压力没有产生负面的能量，而是让这片草原在它最美的季节洋溢着满满的爱和希望。反观我们自己，我们能否如同它们一样，在抚育幼子时，放弃自己曾经最擅长的本领，做到全程陪伴？当孩子与我们的期待有差

黑翅长脚鹬有一双细长的腿

距时，我们是否曾经失望、懊恼，而不是坦然地接受现状并给予孩子时间和呵护让其成长？与草原上的这些父母相比，我们是否强迫孩子承担了过重的期盼、过短的学习成长的时间和过少的陪伴？放松一点，慢一点，耐心一点，也许我们能更好地为人父母。

在水草丰美的典型草原可能无法真切感受到水对草原的重要。但是到了荒漠草原，就能直接看到生命与水的紧密关系。在小查干淖尔，黑翅长脚鹬、翘鼻麻鸭、白琵鹭等水鸟聚集在浅水区享受美食。在附近的区域，这里几乎是它们觅食地的唯一选择。曾经更加广阔的大查干淖尔已经干涸。草原沙化是全世界草原面临的共同问题，其中有气候变化的原因，但是人类在其中扮演了更加重要的角色，而且人类自身也深受其害。在环境恶化的话题中，人类负面的角色形象已被广泛接受，而我们在这一集的结尾处，选择了一个人类试图把干涸的盐碱化的湖盆恢复生机的故事，这个故事的主角是生活在这里的人们。毕竟，他们在这里生活，恢复这片土地的生机，就是在给他们自己的未来增加希望。而大自然自身的修复力也将在某一个节点被激发，这种原始的生命的力量是如此强大，人类耗费心力积攒多年的努力一旦将它点燃，它就会慢慢生发、传递。只要我们顺应这股力量，就一定能看到这片干涸的沙土渐渐滋润，孕育和承载更多的生命。

荒野都市

如果不是做《家园——生态多样性的中国》，也许我从来没有想过要停下来思考并观察一下和我们共同生活在一个城市里的还有谁。

作为完全按照人类需求建立的城市，从最初第一道墙立起来开始，就是为了阻隔入侵。入侵者不仅是敌人，还是自然界其他不受欢迎的物种，比如猛兽，比如毒蛇，比如让我们倍感威胁或不爽的所有物种。从郭到城，越靠近中心，越贴近人类自身的居所，越远离自然。被允许和我们一同生活在城市中的，都是人类完全以利己为前提、经过严格筛选的物种，比如为我们提供阴凉的行道树、为我们提供陪伴的宠物、为我们提供蛋白质来源的家养畜禽。其他物种都被视为威胁，被我们尽可能地隔绝在城外。当然从来没有牢不可破的城墙，何况人类还做不到给城市加一个穹顶，阻隔能在空中飞行的鸟类和昆虫。

中国正在经历人类历史上规模最大的城市化进程。古老的城墙已经渐渐消失，模糊了自然与城市的鲜明界限。怎样的城市更加宜居，各种造城理念都在实际建设的过程中寻找着解决这一问题的落脚点。各种人造自然景观的引入在为人类提供愉悦和舒适的同时，也变相为很多物种提供了新的家园。只要有心，我们就会发现，原来城市也是一个如此有趣、丰富的生态系统：这里有森林、草原、湿地，海滨城市甚至还拥有海洋……只要有心，我们就能发现一个新世界。

我就在家附近的公园发现了一个新世界。和城里的其他公园相比，这里没有开阔的水面，只有祭坛和附属的古代建筑，以及成片的草地和古树。即便是在这样人工营造的环境中，当我放慢脚步观察，这里就从一个饭后健走的运动场瞬间变成了另外一副可爱的模样。公园里一般都比较安静，没有车马之喧。但是我们经常会路过一棵棵很吵的松树。麻雀喜欢成群地隐入松树中，却止不住地聒噪。如今，城里的麻雀并不怕人。即便在冬天，也能看到肚子吃得圆滚滚的小麻雀停在路边，当你的脚步离它实在太近时，才会不情愿地飞到不远处。喜鹊喜欢在树与树之间飞行，长长的尾巴让它飞行与降落的姿态都非常优美，让人联想到是否它与凤凰的身姿也有几分相近。初夏，从非洲飞来的雨燕在低空不知疲倦地急速飞行，古建筑飞檐下的空隙是它们在城中的“育儿所”。笔直挺拔的白杨树上总会时不时传来一种我不熟悉的鸟叫声。我抬头试图寻找它的巢穴，可是即便头已仰成 90°，围着树干转圈，也难以在交错的树枝间发现它的踪影。此时一位老人带着一个幼童经过，幼童问：“爷爷，这是什么在叫？”老人回答说：“是一种大鹅。”这让人听完忍俊不禁，但更让我觉得博物学的普及是多么的必要。渐渐地，这鸟叫声不再是孤鸣，在不远处，还有了唱和与呼应。也许是巢中的雏鸟已经可以离巢，暮色降临时一唱一和的鸣叫也许是归巢的呼唤与响应。当夜色渐浓，没来得及修剪的草地中突然窜出一个行动急速的黑影。从体型判断，也许是一只黄鼠狼。在昏暗的古树下，一只刺猬在缓慢移动。就在我暗自惊喜，竟然一留心就看到了爱躲藏在草丛里的刺猬时，几个刚从酒桌上撤下来的醉客也发现了它。距离 10 米开外的我都感觉到了刺猬的紧张。它突然停了下来，缩成一团。那几个醉客却不满足于只是远远看着它，在毫不掩饰的兴奋中，其中一个拿着手上的皮包去扒拉刺猬。刺猬只能团得更紧。在一阵哄笑中醉客按照自己原来的路线前行，刺猬在警报解除后迅速掉转方向，消失在漆黑的暗处。也许这是一只刚出生不久的小刺猬，初次闯世界就这样在惊吓中草草收场。

公园里也是流浪猫的聚集点，从人类的宠物变成需要自谋生路的流放者，流浪猫不再是可任人亲昵的宠物。在外流浪的经历正在改变着它们的体态和个性。我曾经在单位附近的小公园里遇到了一只“霸王猫”。它散发出来的王者之气成功引起了我的注意。原本应该是顺滑的皮毛向外炸开，眼神中全无示弱的娇嗔。它不紧不慢地迈着步伐，如同老虎一般，偶尔发出的叫声显示出莫名的威严。遇到与它的行进路线相交的行人它也不躲让，一副“我的地盘我做主”的霸主姿态，倒是行人们都纷纷为它让行。这也许才是它作为猫科动物原本的模样。有资料称，全球的流浪猫每年会杀死 24 亿只雀鸟，单是英国每年就有逾 2 亿鸟类被杀。流浪猫已令 63 个哺乳类、鸟类和爬行类物种绝种，同时还会传播包括狂犬病毒在内的高风险病毒。在“猫奴”“铲屎官”盛行的今天，请各位宠物主人一定要“不抛弃，不放弃，爱它就爱一辈子”。如果让宠物猫脱离主人的宠爱在城市里流浪，它们不是自生自灭就是成为“杀手”。

可能大多数生活在城市里的人，对于与我们共同生活在一起的其他物种，往往意识不到或者忽视了它们的存在，似乎和我们生活在一起的除了同类就是滚滚的车流和水泥森林。我们对它们缺乏了解，甚至连它们的名字都叫不上来或者张冠李戴；我们对它们也缺乏足够的尊重，所以对待它们我们总是强势的存在，它们不是作为宠物就是被认为低人一等。在这里我们创造了一切，似乎也可以决定这座城市是否能给它们提供庇佑。

在公园里发现的新世界在我的生活中渐渐扩展。托公园和小区绿化的福，每天清晨我会被鸟儿在枝头的“晨会”叫醒。夜晚，“布谷、布谷”的叫声制造的单一节奏是最好的助眠曲。这个新世界引导我对这座自以为熟悉的城市开始了新的探索与认知。当我看到春天次第开放的花，以前的我只会用“花”这个代表共性的统称来形容它们，现在的我则想要知道它是什么花、会在什么时候开放、花期有多长、来自于哪里，又为什么会被选中留在城市的绿化带上？谁会与它接力、传递季节的变换？其中隐藏的乐趣和对自然的感应无异于一剂良药，那些需要依靠旅行——从一个自己待腻的地方到别人待腻的地方——才能缓解的城市病，都可以就地治愈。同时，这也坚定了我们在《家园——生态多样性的中国》这个系列中设置《城市》这一集的想法。

借助实地调研、筛选和专业的指导，还有所有团队成员的好运加上各方援手的助阵，我们完成了松鼠的故事、刺猬的故事、乌鸦的故事……然而，日常的观察可以通过脑补来拼接很多信息，但是要用画面去拼接一个个完整的城市物种故事时，难度陡然增加。它需要我们尽可能地接近拍摄的对象。“近点，再近点”似乎成为现场拍摄物种故事时最一致的追求。足够近的距离，能够超越人们普通的观察视角，得到所谓的超常规镜头。这种非人类正常视角带来的新奇感，能够迅速吸引眼球，同时也能带来更强的代入感。比如大量特殊镜头和设备的使用，能让物体的体形放大，原本被踩在脚底的小草，瞬间变成参天大树。这种视角变换带来的新奇感类似于小人国历险，可以化普通为神奇。比如英国自然类纪录片《隐秘王国》，整个系列都是通过缩小观察的视角，拍摄超小型动物的世界，让观众可以在这个隐秘的小世界里探索生命的奥秘与价值。特殊的视角让观众成功体验到小型动物生活的世界，移情和共鸣等审美体验的获取就会变得自然而然、水到渠成。

但是，我们无限接近动物进行拍摄是否就是最成功或者最合适的一种方式，我觉得还是值得思考的。人与人之间关系的远近可以通过他们之间的距离来进行判断，最亲密的关系中他们的距离可以等于零，但是与陌生人的距离最远可以是七八米开外。当感受到威胁时，所有人的反应肯定都是越远越好。同类之间尚且需要通过距离来表现亲疏，那我们与其他动物之间的距离肯定不会是越近越好，因为我们之间的关系并不是亲密无间。我们大部分时间都在它们的安全距离之外，如果我们采取各种手段和方式超常规地接近它们，它们的状态瞬间就会变成恐惧和焦躁。当然，我们可以借助技术设备的进步，在物理上保持一定距离以消除动物的紧张感，同时通过长焦镜头无限接近我们的拍摄对象。这在理论上似乎可以解决安全距离的问题，但在现实中也谈不上完美。我们往往低估了动物的感受力，当我们用镜头跟踪它们时，完全能在镜头背后感受到它们知道我们在盯着它们。它们常常选择对视、用屁股对着镜头、躲藏等各种方式来摆脱我们的跟踪。我们也可以利用伪装，让它们忽略我们或者摄像机的存在，虽然需要的仅仅只是时间，但同样也可能面临彻底的失败。因为当它们发现在原本安全的范围内突然出现了陌生的东西时，它们可能会主动放弃或许是好不容易才找到的城市中的家，不辞辛劳地重新寻找新的更安全的地盘。

我们常常在娱乐新闻中看到狗仔队因无底线地跟拍公众人物而招致抗议和反击，以此及彼地推论，我们这种未征求许可的“贴身”拍摄是否也会引发被拍摄对象的反感、厌恶和回击呢？我们对极致镜头的追求，背后隐藏的是否也是人类内心深处不可抑制的窥视欲？我们需要多大程度地去满足这种欲望？如果身份反转，我们成为其他物种的被拍摄对象，总有镜头在努力地无限接近你，我们应该也会厌恶甚至反击吧。想想我们在很多自然类纪录片中看到的大量动物交配的镜头、生产的镜头，观众是真的都爱看这样的镜头吗？当社会类纪录片在拍摄手术以及产子的场景时，镜头都会提前规避或者做技术处理，那为什么自然类纪录片在拍摄别的动物时，就如此热衷厮杀和繁殖，而且不加遮蔽、赤裸呈现？我们不忍目睹同类的痛苦，却好奇异类的生活，这背后是否也是某种人类的优越感在作祟呢？我们自己如此注重人权和隐私，那动物是否也有需要被尊重的权益、需要被保护的隐私？

中国正在经历史无前例的城市化进程，这意味着我国将有越来越多的城市人口，也意味着越来越多的人将离自然环境越来越远、对自然的认知也越来越缺乏实地经验。与自然的远离降低了我们对整个世界的感知能力。可能很多人都羡慕国外的人居环境，原因之一就是那里的人身边就有很多动物，动物和人可以相安无事地生活在一起。在我们国家，也有一些城市居民和野生动物之间存在大量互动，但这种互动也引发了巨大的争议。

贵阳的黔灵山上生活着几百只猕猴，它们是十几只从动物园逃逸的猕猴的后代，这个猴群的迅速扩大和良好的自然环境以及它们与人类的亲密关系密不可分。黔灵山现在是城中的一个公园，一到节假日可能会有上万人来逛公园。由于逛公园的人对猕猴进行投喂，这里的猴子不仅不怕人，还会模仿人，甚至对人类世界的事物相当了解。据说它们学会了打群架，会辨识人类加工的食品，甚至学会了开饮料瓶，会选择自己喜欢的饮料……这是在人类大量投喂后产生的结果。在互动中，甚至有的人与某只猕猴产生了感情，给它取了名字，每次到了公园都会呼唤它……显然，人与猕猴之间过于亲密的互动，已经破坏了猕猴之前的生活方式。在被持续性地喂食后，它们对人类以及人类社会产生了过分的依赖，而以爱之名造成的伤害可能已经开始。大量高糖高脂的加工类食品不仅破坏了猕猴之前的觅食习惯，还可能会让“富贵病”在猕猴中变得高发。最后之所以将这个段落呈现给观众，是因为我们希望观众在看完之后，再到动物园参观或者去景点游览时，能够克制住自己，不要投喂野生动物，因为汝之蜜糖，彼之砒霜。而且过于亲密的关系最后留下的可能只有伤害。如今，黔灵山的猕猴种群越来越大，数量已经多到“猴满为患”。当城市中的栖息地不能承载种群的快速增长时，它们应该怎么办？接受考验的不仅仅是猕猴自己，还有这个公园的管理者以及这座城市的市民。

因爱之名造成的伤害其实还包括放生。很多人出于慈悲，希望从商家手中解救生命，但是不科学的放生有时候不仅不能很好地保护这些动物，还会给当地的自然生态带来灾难。一方面，有限的空间无法在短时间内承载突然大量增加的生命；另一方面，来自其他地域的物种被投放在特定的新环境中，也可能造成物种入侵等严重的问题。城市有限的物理空间使得人类与其他动物之间距离的把控变得更加重要。无法保持和其他动物之间合理的亲疏远近关系，也就不能很好地实现我们对于理想城市的各种设想。

我们需要在城市中引入其他生态系统，让城市更加宜居并得以可持续发展；但是如果我们完全从利己的目的出发，不遵循大自然的规律或者刻意改变物种的自然属性，最后也许要付出更高的代价。北京的春夏之交，是一年中最好的时节之一，但漫天飘散的杨柳絮，让敏感的人群很是困扰。大量种植杨树作为城市的行道树，并不是因为杨树是北京本土的优势树种，而是从经济成本来考量，种植杨树是当时最好的选择之一。但是当年为了节约成本而选择的杨树，现在却需要付出更高的人力和物力进行人工干预，以减少“春夏飘雪”的情况。杨柳絮随风飘散本来是物种自身传播种子的方式，人为干预、减少飘絮现象其实就是通过各种方式抑制树木自身的繁殖行为。这其实和给流浪猫狗做绝育手术有点类似。但是明显这个工作量和投入要大得多，也不见得能起到立竿见影的效果。如果当年在选择绿化物种时能够做出更科学的规划，也许就可以免去如今治理中的各种不得已。重庆的黄桷树就是当地的优势树种，遵从自然环境的筛选，重庆将黄桷树确定为市树并广泛栽种。发达的根系和宽大的叶片使黄桷树能够在喀斯特地貌贫瘠的土壤层长成参天大树，很好地完成城市行道树的职责。所以顺势而为才能让城市环境的营造更加顺利，而纯粹从利己的单一目的出发，会让我们面临更困难的后续维护。

在《城市》这一集中，因为对城市的爱，我们拍摄到了城市中很多可爱的生命，比如剥核桃小高手北松鼠、想不劳而获的乌鸦和喜鹊、被救治的长耳鸮、梦幻般

给杨树“打针”是人工干预飞絮的有效方法之一，但是它的时效性有限

公园里的北松鼠找到一颗落在草地上的核桃

的夏夜萤火虫……同时，我们也忧伤地看到因为公园里有练习打响鞭的人，长耳鸮越搬越远，眼看着就要在城里待不下去了。令人高兴的是大家开始对荒野有了向往和留恋，城市中或因为拆迁或因为主动保留而存在的小块荒地呈现出大自然旺盛的生命力，正在吸引越来越多关注的目光。也许我们做这一集片子更大的意义在于，让更多的人开始关注我们生活的这座城市中的其他“居民”，并学会和它们相敬如宾，从而创造更具生气的城市生活。

走向海洋

对于海洋的拍摄，最开始我觉得也许我们只能从海岸线开始，再从海岸线结束。但每次我们设计好开头，却永远猜不到结尾……

海滨，我们启程的地方——这是蕾切尔·卡森在其海洋三部曲的巅峰之作《海滨的生灵》中的自序标题。“当我们走到低潮线，就进入一个同地球本身一样古老的世界；在这里，土元素和水元素发生了最初的相会，这里是一个妥协与冲突的试炼场，一个永恒变化的所在。……因为正是在这里，或在这附近，有一些可以被辨认为是生物的实体，第一次漂流到了浅海水滨——繁殖、演化、产生了古往今来、无穷无尽的生命之河，让与时俱进、激荡不息的各色生物占领了地球。”从海边开始，站在稳定的陆地上，探索无垠的大海，总会让来自于海洋但因离开太久而心生恐惧的人类找到最不能放弃的安全感。如今，人类对海洋的认识和开发始于海滨，我们的拍摄也如此。

海岸线是一个不断变换的场景。在远离海洋的云南澄江帽天山发现了古生物化石群，在这些生命诞生了 5.2 亿年后，这些化石向世人完整地呈现了寒武纪早期海洋生命的壮丽景观。几乎现存生物所有门类的远祖代表都能在澄江生物群中找到，被誉为 20 世纪最惊人的科学发现之一。寒武纪是一个充满奇迹和创造力的时代，生命在短短的几百年内集中爆发，似乎没有原因，就这么突兀地出现了，以至于进化论的提出者达尔文都对此十分困惑，无法做出解释。但生命大爆炸让物种间的生存竞争开始变得激烈和残酷。自然选择这一法则开始发挥关键作用，海底世界变得危险重重。5.2 亿年后，在已经成为高原的地方，曾经由海洋孕育的肆意绽放的生命在向它的后代呈现那个突变的时代时，化身为一个个待解的符号或者密码，需要有专业的知识储备和坚毅的求索精神才能将其破解。在高原拍摄海洋，这虽然是我国拥有的独一无二的“地利”条件，但作为普通观众与远古奇迹的连接者我们并不称职。因为我们没有找到一个好的契合点。因为相隔太久，只有潜心钻研的古生物学家才能感受化石群的魅力与珍贵，于大多数普通人来说，这就是一些有着奇怪痕迹的石头而已。要用这些藏身在山岩中的石头讲述海洋生命几亿年来的演化史，我们的手段实在有限，只好知难而退。

大海在持续地向陆地传递海洋深处生命的信息。目前世界上仅有的三大古贝壳堤岛中，位于渤海西南岸的无棣贝壳堤岛纯度高、规模大、保存完整，显得尤为难得，而且这里还是全球唯一的古代和近代贝壳并存的贝壳堤岛。近五千年来，重达 3.6 亿吨的贝壳堆积而成的绵延 76 公里的堤岛，是无数有壳类海洋生物留下的自然遗迹，是中国海洋物种数量规模和生物多样性的一个佐证，但我们对海洋生命的了解，不能只是一个空壳。曾经居住在这些空壳中的生命，它们是如何孕育，又是如何在变幻无常的海洋中生存，如何最后变成一堆空壳、躺在沙滩上，成为堤岛最寻常的一部分，这个过程应该是我们更希望了解的生命故事吧。

所以我们从海岸线出发，试图了解中国现在的海洋生命。

近海的贫瘠是我们已经预料到的。就像草原过牧、农田过耕一样，我们的近海也如同农田和草原一样被过度开发。如此一来，就会呈现疲态或者退化。但是在整体的贫瘠中，我们看到了人类作为开发者对于近海环境的改造、改善以及观念的转变。海草，曾经多到可以用来作为建筑材料、成就一种风格独特的民居，如今已经变得十分昂贵。因为作为海底草原的海草场已经不复繁盛，所幸修复工作已经开始。从仅存的海草场挑选优良的海草，移栽到已经成为海底沙漠的地方，希望恢复已经消失的海草场。整个过程看上去有点像植发，如果成功，恢复的不仅是外观，更多的海洋生物也能重新在这里繁衍生息、开枝散叶。而需要恢复的海草场面积之大让人有种愚公移山的艰巨感，希望我们能找到一个更好的方法，激发大自然强大的自我修复能力，让这片沿岸的海草场恢复如初。

被当作农田、牧场开发的近海，为人类提供了更为丰富的回报，不仅有“绿色蔬菜”，还有种类丰富的“蛋白质”。人工的培育和改造是获取高额回报的重要手段。当野生的本土海草因为各种原因大面积消失后，“外来物种”海带因为人工养殖而欣欣向荣。因为采取了“倒挂”的培育方式，如今中国已经成为全世界优质海带最高产的国家。作为高级蛋白质的代表，海参是公众眼中的上好补品。

但是，我们真的认识这个物种吗？海参是比恐龙更早出现在地球上的古老生物。恐龙在地球上只存在了一亿七千万年，而海参至今已经存活了六亿年，堪称生命的奇迹。海参能够在地球上穿越六亿年的光阴，并通过了严苛的物竞天择，一定有它独特的本领。但这些对于只知道它是高级食材的食客来说，有吸引力吗？或者我们是否过多传递了海参作为高级蛋白质的信息，而把它高超的生存本领忽略了呢？海参生活在海洋底层，它身段柔软，行动缓慢，以海底表层的沉积物为食。没有护身的铁甲，也没有格斗的利器，在弱肉强食的海底世界，它们几乎就是清道夫般卑微的存在。所以，它们一切的生存之道就只有依靠自己演化出强大的适应环境的能力。为了躲过天敌，它们可以快速排出整套内脏。靠着快速“排脏”的反作用力，它们可以加速逃离险境，而排出的内脏可以让天敌得到食物而放过对它的追杀。此后它只需静静熬过 30 ～ 50 天的时间，等待自己体内重新长出一套全新的完整的内脏。人类歌颂的壮士断臂求生的悲壮与勇气和海参相比，是否显得有点小巫见大巫了呢？不仅如此，海参还具有强大的再生能力，即便是被分成几段，每段依然能重新再生出一个完整的个体。哪怕是被铁丝扎紧，只要给它足够的时间，它也能让自己不留痕迹地全身而退。这种异常强大的身体变形能力和再生能力让它即使身犯险境，也能东山再起。纵使有如此高强的防身之术，海参也是一个低调到没有存在感的物种。一旦吃饱，它就会选择躲藏在礁石的空隙或者大石板下。它们是海底的“变色龙”，可以根据环境调整体色。在高温的夏季，它们甚至会选择“夏眠”，不吃不喝，一动不动。它们会蜷缩成一团，让自己变得如同石头一般坚硬，这样就算天敌在礁石的缝隙中发现了它们，也会因为它们不好“下嘴”而放弃。直到秋天来临，气温下降，它们才会苏醒。而后，冬季采捕季节就会来临，它们六亿年来练就的御敌生存之术都会失效，最终成为人类昂贵的盘中餐，优点是零胆固醇且富含各种酶和人体不可自制的氨基酸。海参费尽心机保护的身体，最终因为它完美地契合了人类对于食物的需要，而成为“采参人”手到擒来之物。但是，“采参人”也要在第一时间对自己的战利品进行加工，否则海参会慢慢缩小，最后化成一摊汁水，让人“竹篮打水一场空”，这也许就是海参“鱼死网破”的最后一招。当我们知道了海参如此强大的生存之道后，是不是对餐盘中的海参多了几分了解呢？此外，全世界有八百多种海参，但是其中只有二十余种是可食用的，其他的都含有毒素。产于中国渤海和黄海的刺参和产于南海的梅花参是可以食用的。现在，由三亿多年前海洋中的原始鲨鱼进化而来的陆地之王终于可以放心地食用这种在地球上生存了六亿年的海洋生命努力保护的皮囊了。

海洋给很多生命以庇护，人类想要深入海洋的想法总会被困难重重包围。在三亚湾高层建筑的玻璃幕墙后，我依然能感受到十二级台风中海浪猛烈拍击堤岸的力量。所有船只都已归港，船员都在陆地上的家中躲风，而我在台风天参加了一个两岸豚类研究者齐聚的学术会议，探讨追踪拍摄在中国近海生活的中华白海豚的可行性，结果就如同“台风天能否出海”这个问题的答案一样——不行。是的，在我国的海洋中（而不是海洋馆中），也生活着海豚，而且还是迷人的充满浪漫感觉的粉色海豚，简直就是惊喜。但是听完专家们对所有研究成果的陈述，之前犹如发现宝贝般的惊喜如同一根划亮的火柴，光芒渐渐熄灭。海洋给了中华白海豚广阔的生活空间，虽然我们能找到它们大致的活动范围和时间，但是要想得到和它们亲密接触的镜头，可能需要有中头彩的运气。现实的结果很可能是我们连它的影子也看不到。回想我们在宽度以百米计的长江故道拍摄江豚时，要抓住它们的影子都十分费劲；若要在没有边界的大海中寻找中华白海豚，真有点大海捞针的感觉。而且如今观众们的胃口早已被贴身式拍摄的镜头吊得高高的，即便我们最后远远拍到了中华白海豚，观众也会因为“太远了”“不够近”“看不清楚”而感到失望吧，何况我们还要讲故事，这需要很多素材来支撑。既然无法给观众提供参观水族馆的视觉体验，也无法提供观看海洋馆海豚表演般的互动，那我们还是默默放弃吧。但我还是希望有一天，我们能找到一个合适的方式，让更多的人知道在我国近海有这样一种美丽而可爱的生命；希望我们可以去实地与它邂逅，观察它们在自己的领地自在地生活。这远比在节假日涌入海洋馆，在拥挤的人群中看巨大的水族箱里动物们演员般的囚徒生活来得更加和谐自然吧。让我们把在海洋馆玻璃幕墙前发出的惊叹、尖叫和充满幸福感的微笑留给对这些生命真正栖息地的探访，在那里我们不仅能感受到自然的风和气息，也能感受到这些生命的

在台风的影响下，海洋不再平静，巨浪拍打着海岸

自由。中华白海豚性情活泼，喜欢跳跃、戏水。它们是虎鲸的近亲，也和我们一样是哺乳动物，怀孕、产子、哺乳、抚幼，完成生命的传递。现实中公众对中华白海豚的了解都来自于新闻报道中它们在海滨搁浅或者尸体在岸边腐烂的消息，这完全不符合我们对于一种美丽生命的想象和期待。情感上的趋利避害也会减弱许多普通人试图增进对它们了解的欲望。我们对于另外一个生命的关注，不应该从死亡、伤痛这样负面的信息和情绪开始。对其他生命的欣赏、赞叹才能引导我们去探索这个世界。

小时候，还不知道什么叫纪录片，但是在很多讲动物的节目中总会有科学家出现，他们会引领我们去观察、提出问题并解释。他们总是行走在野外，和动物似乎是朋友，甚至是亲人；他们渴望了解动物，也能与动物沟通。但是这些节目中出现的永远都是外国的动物、外国的科学家，国内的科学家似乎总是在讲课、在实验室里看显微镜，他们面对的对象似乎总是标本。也许这种错觉是纪录片造成的。在我们的前期调研中，类似国外自然类节目中的我国本土的科学家越来越多地出现在我们的视线中，他们不仅给予我们专业的指导和支持，而且依托国家对于科学研究的巨大投入和支持，我们的镜头终于可以突破海洋与大陆的交界，深入到世界上最宽广的大陆架边缘，探访位于海平面千米之下的海底世界；可以来到遥远而美丽的南海，在梦幻般的纯净中欣赏大自然创造的最美的水族馆……《海洋》这一集成为离我们很近、但是也最遥远的一集。很近是因为黄海和渤海的内容几乎都和食与住相关，海洋就如同我们的资源宝库，提供沿海甚至内陆居民的生活所需；很远是我们在空间距离上突破了极限，我们到达了中国领海的几乎最东和最南的区域，同时在纵深上也特别难得地潜入到海底 1460 米。这些地方没有人烟，甚至是第一次有人类探访，似乎和我们有点遥远、和“家园”这个概念有点偏离。但是家园不就是这样一个存在吗？我们自以为对它很熟悉，可总有一些角落，你虽然知道或者习惯了它的存在，但是从来都没有好好去看一看。直到某一天，因为某种机缘巧合，你才重新发现了它，并由此对家园有了更新的理解。

森林奇遇

森林是什么?

我小时候对森林的理解来自房后的一座小山，其实现在看来也就是一个完全不能用山来指代的小土堆。但是在我和小伙伴的眼中，那里是一个拥有无数宝贝的福地。那条用脚踩踏出来的小土路，雨后没多久就会被植物覆盖，感觉每次去都要重新开始一番“开天辟地”的探索。那些不知道叫什么的植物里，有折断后茎部会流淌着白色汁液的“牛奶草”；有一粘上就像虱子一样甩不掉的“小刺猬”；还有的植物茎部中间是空心的，扯去叶子后可以拿来当吸管；还有吃了会把嘴唇和整个口腔都染成紫红色的“灯笼泡”。大人们总是说山上有毒蛇，野果子千万别吃，因为那些果子被蛇爬过，都有毒。但是这些恐吓的话没有一次真的起到了作用，反而激发了小伙伴们一次又一次的集体探险。我们这种胆小的对于探险只是浅尝辄止，脚下的各种小花小草就能够满足我们的好奇心。胆子大的或者年纪更大一些的孩子不满足于我们这种没有深度的探索，他们会去爬树。我们可以听到他们在山的更深处打闹，而他们往嘴巴和口袋里塞进去的东西也比我们更多。那时候，这座小山就是我眼中的大自然。我对大自然的了解几乎也都来自于那个小土堆，因为在那里我亲手触摸过它们，知道它们是柔软的、还是扎手的；我亲口尝过它们的滋味，知道哪些我再也不会碰，哪些下次看到了要先下手为强以免被别人摘走；知道大人们的恐吓中哪些话是骗人的，哪些话下次一定要记住……

后来搬家了，房后再也没有小山，自然也就没有结伴探险，此后我认识的各种森林里的物种都来自文字描述和图片。它们是老也记不住的各种奇怪的名字，是看着图我也不认为以后我会认识或看到的各种插画。它们在我的记忆里没有生命、没有颜色也没有滋味，是一个个知识点，而且因为几乎用不上而慢慢被封存、遗忘。我又重新成为一个盲人——大自然的盲人，小山探险所留下的那点记忆是唯一的一点光感，若隐若现，时不时发出微弱的亮光。

对于现在的很多人来说，森林就是某座被称为某某景区的、栽种了很多树的山，可以循着石阶健步行走或者坐着索道游览。那里有景观，还有清新的空气。道路边会有一些关于当地物种的图文介绍，但是里头提到的动物应该是看不到的，能看到一两只松鼠就会兴奋地感叹自己人品爆发了。有美景、可健身——也许这就是现在大部分人对森林的认知，或者说对于山的认知。

当我们坐飞机的时候，要是赶上无云的晴天，可以看到原来我们的脚下还有这么广阔的绵延山脉；当我们驱车行进在林间的公路上时，又感觉人类的世界几乎已经无处不在。这样的森林里肯定还有很多会让我们这些“自然盲人”惊喜的宝藏，但是在被道路切割的山林中，我们还有多少机会能够找到这里的“常住民”，

玉斑凤蝶有着长长的口器，能够帮助它吸食花蜜

发现并记录下它们的故事呢？其实我们心里并没有多少把握。但是，我们还是在中国最具特色的三种森林中见识到了森林强大的生命力和创造力。

喀斯特地貌的土壤非常贫瘠。中国的喀斯特地貌面积大、分布广，广西、贵州和云南东部构成了世界上最大的喀斯特区之一。在这样先天条件并不是特别好的地方，生存压力会特别凸显。贵州省是全国贫困人口最多、贫困面积最大、贫困程度最深的省份。导致贫困的原因是多方面的，但是土地资源的贫乏是其中一个非常重要的自然因素。这里土壤稀缺，而且土层薄、营养贫瘠，因此植物先天就要有更强的吸取营养的能力才能在这里生存下来。由于流水的溶蚀，虽然这里

玉斑凤蝶在马蜂面前仓皇而逃

叉尾太阳鸟也发现了这里的美食

叉尾太阳鸟用及其难拿的姿势试图接近花蜜

降水充沛、空气湿润，但是地表存不住水。这里的所有物种都要和干旱对抗，水源成为非常珍贵的资源。就是在这样恶劣的自然条件下生长起来的石山森林，让我们拍到了很多美丽而残酷的关于资源争夺的片段。

一场关于花蜜资源的争夺，颠覆了我们之前的认知，即大体量物种在资源竞

这一次，叉尾太阳鸟选择直接飞到蜜源根部

叉尾太阳鸟钻进花瓣中，小心翼翼地观察四周

争中具有碾压性优势。玉斑凤蝶用长长的口器吮吸着芭蕉花的花蜜，而几只马蜂凭借小身材可以把自己直接置身于花蕊深处。本来看似不相干，但是马蜂因为数量占优势，可以通过分工来进行集体协作。一只马蜂从花蕊中爬了出来，有着漂亮大翅膀的玉斑凤蝶急忙抽出口器飞走。面对比自己小得多的马蜂，它表现出了

叉尾太阳鸟落在了花瓣上，但是花瓣不堪重负，令它措手不及

避之唯恐不及的恐惧。显然，芭蕉花是个非常有诱惑力的蜜源，马蜂很快迎来了身形更大的竞争者——叉尾太阳鸟。

花蜜是叉尾太阳鸟的主食，而且它还拥有高超的采蜜技术。它的嘴细长且向下略微弯曲，舌头呈管状，这有利于它吸食花蜜；同时它飞行技术高超，可以空中悬飞，这让它即使没有支点也可以采蜜。但是这些技巧在强悍的马蜂面前都不再成为优势。叉尾太阳鸟面对难得的蜜源没有轻言放弃。它先是用横向 90°侧身的姿势尽可能地接近花蜜，这个姿势看着都很难受。果然它坚持不了多久就不得不变换一下姿势，而且它还要非常警惕地观察周围，防止袭击者的出现。马蜂一露头，叉尾太阳鸟就立刻飞离。

放弃了最接近蜜源根部的位置，它决定采取悬飞的方式采蜜，但是花蕊太长，它没有像玉斑凤蝶一样长的口器，而且悬飞耗费的体力估计也非常大，它没有坚持多久就放弃了。之后它又想“直捣黄龙”，直接钻进了花瓣中。但是这是马蜂的地盘，它一落脚，马蜂就来驱赶，叉尾太阳鸟赶紧飞走。

它转了一圈，并没有飞走，又落在了花瓣上。想来也没有多少鸟类能将轻盈的花瓣作为落脚点。它依然想用倒挂的方式去够花蜜，但是无奈距离太远，几经

最终，马蜂守住了花蜜

尝试都未果。担任驱逐任务的马蜂又出现了，叉尾太阳鸟不得不换到之前的那片花瓣上。这片花瓣可能已经有些松动，叉尾太阳鸟刚一落上去就突然轰塌，它采蜜的最佳支点随之丧失。虽然它仍旧不甘心地在芭蕉花周围悬飞，但是在马蜂的严防死守下却毫无机会。最后，体量最小的马蜂守住并且独享了这宝贵的蜜源。

水源更是这里所有物种都必须争夺的资源，而越是靠近水源的地方，越可能看到残酷的争夺，甚至是杀戮。

红尾水鸲是一种体形小巧的鸟类，它全身羽毛呈暗色，独独尾巴是鲜艳的红色。我们第一次拍到它时，它独自站在水渠边上，尾巴不时展开并上下摆动，身上暗色的羽毛呈现出蓝色的光泽。而且它动作幅度不大，姿态高冷，加上全身的颜色搭配，让取景器中的画面特别有时尚大片的既视感。

但是，当我们在麻阳河边再次拍到它时，画面却只能用毛骨悚然来形容。一只蝴蝶在河边被红尾水鸲袭击了，我们的镜头就是从蝴蝶扑落在水面上开始记录的，这是一次有点虐心的猎杀。翅膀摊开扑在水面上的蝴蝶显然已经不能再飞行，这时候它就如刀俎上的肉，只能任红尾水鸲宰割。虽然它并没有放弃挣扎，但这种一直延续到最后的垂死挣扎更加剧了整个猎杀过程的残忍。红尾水鸲将蝴蝶叼

红尾水鸲注意到了水面上的蝴蝶

挣扎没有让蝴蝶死里逃生

它出手了，蝴蝶无处可逃

很快，红尾水鸲就把蝴蝶“解决”了

到岸边，然后开始了活生生的肢解。它用锋利的嘴一点一点叼着蝴蝶的翅膀。不一会儿，蝴蝶的翅膀散落在四周，支离破碎，渐渐只剩下“肉身”。红尾水鸲将蝴蝶的肉身不断叼起、抛下，叼起、抛下……终于蝴蝶翅膀被完全叼除，它开始尝试吞下整个肉身。几经反复，红尾水鸲终于完成了整个捕杀过程并完整地吞下了猎物，然后出画。

即便是经过很长时间、期间反复看过多次样片后，再看这段素材，我依然会被这幕也许每时每刻都在森林里发生着的场景所震撼。不同的生命，如果处于食物链的上下端，两个美丽物种的相遇就可能是一场最残酷的灾难。无关外表，只为生存，这就是大自然最朴素、最基础、也是最不可动摇的法则。

2016年10月13日，对于我们在贵州的拍摄团队来说，真是一个天赐的大日子。

红尾水鸲吞下了猎物

在这一天，我们不仅拍到了前面两个关于资源争夺的片段，还拍到了秋季刚刚出生的金色的小黑叶猴。黑叶猴才是这个森林中真正的主角。它们的故事也更加完整和精彩，有关夺位，有关谋略，也有关情感。当我们静静地看着素材里的故事，有时候有种看剧情片的错觉，这可能就是纪录片的魅力，毕竟生活永远比戏剧更精彩。而大自然里发生的故事比我们原本对它苍白的理解更加丰富和出乎意料。但是就像我们自己的生活一样，它的滋味和变化浸润在我们整个生命周期中，只有当我们回顾过往，或者选出某些重要的时间节点，我们才能凑出一个有头有尾的事件段落。这个提炼压缩的故事让事件脉络更加凸显，但是也丧失了很多动人的细节和信息。这就像我们从体量巨大的拍摄素材中，按照要求的时长剪辑出的最后的成片一样。在成片中展现的是一个非常短的、脉络清晰的片段，因为我们

刚出生的小黑叶猴毛色金黄，躲在妈妈的怀里

要考虑整个节目的节奏，所以很多信息都在这种追求故事推进的速度感中遗失了。就像是脱水的果干或者风干的肉脯，尽管得到了干货，但是“干化”的过程也失去了在同等时空下才能体会到的风味。这个问题是否有解？这需要我们创作者去思考和探索，其实也需要观众口味的配合。什么时候观众对于风味的需求增多了，我们提供的干货才能再多加一点“时间”的风味。

而“干化”得更严重的是朱鹮的故事。

朱鹮是我们最早启动拍摄的一个故事，当时设定的故事情节是雏鸟初飞。我们希望跟拍朱鹮雏鸟学习飞行到最后能独自飞行这差不多一个月的时间，试图做成一个成长的故事。我们用了两个机位，记录了一对人工养殖的朱鹮在野外哺育下一代并成功教会它们飞翔的过程。虽然是在人工环境下长大的，但这对朱鹮父母选择筑巢的位置十分隐蔽，这非常有利于它们隐藏与躲避天敌，但是也给拍摄带来极大的困难。没有拍摄位置、角度不理想、遮挡物太多，是摄制组开拍后遇到的首要问题。但是也没有其他选择，因为在我们调研的范围内，这是能够找到的唯一一组拍摄对象。而且我们还必须保证不能惊扰它们的生活，因为一旦发生弃巢，我们无法完成既定的拍摄计划是小，朱鹮无法培育好下一代是大。朱鹮本就是濒危物种，而且这对朱鹮雏鸟是人工养殖并成功野化后的朱鹮繁殖出的下一代，更是格外珍贵。

这也是我们拍摄时间最长的一个故事。直接的后果就是素材量非常大。在将近一个月的时间里，我们记录下了这对朱鹮父母育儿的点点滴滴。它们所付出的精力和心血，看着都令人感动。虽然有人批判把人类的情感代入到动物身上、然后以此作为情感逻辑来进行叙事的方法，但是这种情感上的共鸣不就是搭建物种之间相互理解最好的桥梁吗？在我把整个素材看了好几遍之后，开始架构这个故事时，当初设想的雏鸟学飞的成长励志故事，渐渐被朱鹮父母辛勤育雏的故事代

朱鹮的巢十分隐蔽，拍摄的时候常常会被遮挡

替或者平衡。在这个故事的写作过程中，我觉得好多细节都可以展开表现，但全部写下来之后，我对自己提的第一个问题就是，这些展开的东西是不是真的会让观众感到有趣？因为按照一比一的播放速度看了好几遍素材，甚至有些地方都是通过慢放来发现一些新的信息，所以我已经与朱鹮一家四口建立了某种情感上的联系。就像是年轻的父母看着自己初生的孩子，即便是孩子一个毫不起眼的动作，或者一个哈欠都会引发无限的怜爱，但这些是无法激起旁人同样丰富的情感的。所以朱鹮的故事从一开始就写“淤”了。放了几天后，我再拿起来看，又动手删除了好几个段落才把剪辑方案交给后期。但最后朱鹮的故事还是删减幅度最大的一个故事，因为在所有的拍摄区域中，故事里都有多个主角，或者一个主角搭配很多配角。但在这个部分朱鹮是绝对的主角，而且场景也相对单一，从粗剪到精剪，大家的反馈一直都是虽然细节很丰富，但是太单一、太长了。所以最后就是主角的部分一减再减，本来预备拿下的配角的部分加了再加，使得这个部分在物种的丰富程度上可以与其他部分达到某种平衡。其实这就是生活与戏剧的区别。我们记录了朱鹮一家四口事无巨细的日子，平淡但是有着日常生活的滋味。这种滋味只有身处其中才能体会。而我们要呈现给观众的故事要更像戏剧，它需要浓

朱鹮父母在用喂食鼓励孩子学习飞行

缩，需要冲突，需要一两分钟就有情节推动，这样才能在短短的时间里保持对观众宝贵的注意力的吸引。所以我们要对朱鹮一家四口的生活不断做“干化”处理，让它成为“果脯”“肉干”。就像我们自己过的日子一样，原汁原味的生活只能自己去体会，讲给别人听的故事，都是某个瞬间或者掐头去尾的大概，毕竟别人感兴趣的永远都不会是他自己也在天天过的平常的日子。

东北，在我们心目中有着中国最引以为傲的森林。从小对于森林的所有想象都来源于大小兴安岭。这是小学课本给我们种下的深刻的记忆。这次拍摄调研，是我第一次进入东北的深山老林。这也是我们做纪录片人的福利，能去很多平常人不能进入的区域。因为被划入保护区的核心区，这片森林中除了保护区的工作人员定时巡查之外，其他人都不准入内。我们才刚刚进入核心区的边缘，它就给了我们一个惊喜。在我们车的前方，一条简易土路上有一个小水坑，边上竟然落满了蓝色的蝴蝶。当我们的车逐渐靠近时，它们纷纷飞散。但是当车一开过去，它们又纷纷飞落回来。在透过树冠洒下来的阳光中，这些飞舞的蓝色翅膀的蝴蝶就像这片森林中的精灵一样，只能不期而遇。与它们的相遇就像是梦幻一般，稍纵即逝，但是在我们的记忆中留下了无限的光彩。当我们向引路的护林员求解这些蝴蝶的身份时，他们也只是笑着说不知道它们的学名，但他们老能看见。只有我们这些外来人员才会对这次相遇感到如此惊喜，对于他们来说这不过是日常生活中碰见老友，彼此打个照面，不会雀跃，也不会陌生，更不用刨根究底，因为我知道你是谁，你也知道我是谁。

初来乍到的新人，他的好运一般从一开始就耗尽了。给我们很多惊喜的前期调研，到后面的实拍阶段都变成了等也等不来的失望。在秋天和冬天的两次拍摄中，我们的摄制组都遭遇了连绵的阴雨。拍片子就是靠天吃饭的，下雨、阴天，拍摄主角红松的结果也赶上小年。连我们组里 90 后的小朋友都在感叹：爬山 + 泥泞的路 + 汇聚成溪流的雨水 = 半条老命。期待中五颜六色的壮阔景象也因为反常的天气而迟迟没有出现。在秋季拍摄即将结束的时候，老天爷终于赏了一个蓝天，在没有路的山上手脚并用地爬了将近四个小时后，摄制组终于登顶。在这里他们不仅领略了什么叫独特的偃松 – 泥炭藓高山湿地，也终于在秋天就要结束的时候

经过一番艰辛以后，摄制组终于登顶，与蓝天白云邂逅

拍到了五彩斑斓的森林。冬天的拍摄也在大雪之后开始了，等待摄制组的是更艰难的跋涉和难以等来的拍摄对象。所幸红外触发的照相机收获不少，虽然对于我们的片子来说也许能用上的不多，但是对于这片处于休养生息当中的森林来说，这些影像确实证明它正在渐渐恢复活力。这可能是我们更加期盼的结果吧。

地球之肾

记得小时候在河里游泳，对于脚底下长满水草的淤泥有一种莫名的恐惧。松软的河床让人无法获得坚实的安全感，长长的水草总让人产生自己会被缠住的联想。那时候我总羡慕电视中在游泳池里扑腾的人们。他们的脚底下是干净平整的瓷砖，泳池一眼可以望到底的通透让人可以没有任何顾虑。但小时候的河水清澈，鱼虾成群，盛夏，一猛子扎进去，那种海阔凭鱼跃的酣畅，现在想来也是很奢侈的体验。

后来，随着岁月流逝，河道似乎也越变越窄，河水越来越浅，最后变成了没有人愿意亲近的臭水沟，更没人愿意跳进去游泳了。再后来开始进行河道治理，有的河段的河床做了整体硬化，河流变成了人工水渠。这倒是越来越像我小时候羡慕的游泳池了，但是依然没人愿意去游泳。因为这样的河流似乎也失去了活力，失去了生命。

其实，让湿地以它自己的方式存在，也许对于人类来说，它不是那么友好、那么容易亲近，但对于整个生态系统来说，这就是最好的存在方式。

2016 年的冬至，我再次陷入淤泥。这次虽然不在水中，但是那种被吞噬的恐惧甚至比小时候在河床上行走更甚。在长江的滩涂上，为了更近距离地拍摄麋鹿，我们整个摄制组陷入了泥潭。在艰难的行进中，我们都无一例外地因为拔不出腿

令我们狼狈不堪的滩涂似乎并不能对麋鹿造成影响，它们悠然自得地在浅滩漫步

麋鹿的野外种群在不断地恢复和扩大

而摔倒在滩涂上，然后瞬间亲测陷入泥潭的恐惧。借助三角架和众人的帮助，我们虽然都安然无恙地脱身，但是那副狼狈的样子让我们所有人都面面相觑，感慨在大自然中人类的无助与渺小。离我们也就几百米的麋鹿，如闲云野鹤的隐士一般，在更加松软的浅滩饮水、吃草，然后冷眼看着我们这些行动蠢笨、滑稽的人类。我们身处之地在史书上被诗意地称为“云梦泽国”。论起惬意，人类一定曾经在历史上不如麋鹿。

如今作为世界珍稀物种的麋鹿，曾经广泛分布在东亚地区。麋鹿家族在距今约 1 万年到 3000 年时最为昌盛，数量达到上亿头，远超同时期的人口数量。但在距今 1 万年至 4000 年前的人类遗址中出土的麋鹿骨骼数量，大致与家猪骨骼的数量相当。麋鹿不仅是先人的猎物，也是祭祀时的祭品。然而麋鹿种群从商周时期以后迅速衰落，清朝初年野生麋鹿绝迹，如今麋鹿又在故土重新恢复种群，麋鹿的故事堪比传奇。

如今，在中国经济最发达、人口密度最大的长江中下游地区，麋鹿开始了野外种群的恢复和扩大。在我们每天都在为了城市中的一套属于自己的房屋而打拼时，麋鹿已经在它们的故乡有了自己专属的保护区，那里没有自然界的天敌，还有专门的机构和人员保护它们的安全并提供饮食。工作人员专门种植了帮助麋鹿

麋鹿在太阳升起之前就从旱柳林出发了

顺利过冬的植物，还会定时投放饲料，让它们吃喝不愁。守护它们的，是把保护麋鹿当成自己毕生事业的一群人。而他们最发愁的事情就是，在他们的呵护下，麋鹿种群越来越壮大，但是保护区的面积是不变的。也许在不久的将来，这里的麋鹿也要和城市中打拼的人一样，要为了更大的“房子”发愁。

如今每天为麋鹿提供夜栖之所的，是一片旱柳林。1998 年暴发的那场大洪水带来了旱柳的种子，它们在这片湿地生根发芽，不到二十年的时间就长成了一片森林。当我们用无人机从天空鸟瞰这片旱柳林时，不禁感叹自然的创造力和生命力。这片树林几乎每年都要经历洪水的浸泡，但是因为拥有气生根，洪水涨多高，气生根就长多高，所以它们即便被水淹没也能很好地生长。

冬天的清晨，太阳还没有升起，夜幕还透着蓝光，麋鹿们就排成一排，从旱柳林中不紧不慢地走出来了。四周一片静寂，只有一行麋鹿在缓缓前行。也许这样的场景曾经出现在几千年前，希望这样的场景还能延续到几千年后，并出现在更多麋鹿曾经生活过的地方。

在滩涂上，裹成粽子一般的我依然能够感受到江风的威力，因为行动艰难，对于麋鹿我们总是陷入“求而不得，追之逾远”的尴尬境地。有一刻我放弃了近距离拍摄的执念，也许我们能远远地望着它们在这个世界上人口最多的国家中人口最密集的区域悠然地生活，就已经是一个让人欣慰的情景了。而我的任务就是让更多的人看到这一切。

天鹅洲长江故道的形成不过几十年，却是一个神奇的地方。就是在这里，麋鹿的传奇从一个悲伤的故事，渐渐成了一个励志的故事。曾经灭绝的物种经过重新引入并在故土恢复野外种群，而濒临灭绝的江豚也在这片相对封闭的水道找到了喘息的机会。

对于豚类的认知，大部分人可能都来自于海洋馆里的海豚表演。一般大家会觉得豚类都生活在海洋中，但其实在我国长江，就曾经生活着两种珍稀的豚类，一种叫白鱀豚，它被科学家宣布已经“功能性灭绝”；另一种叫江豚，它曾在长江中下游广泛分布，渔民们叫它“江猪”，现在它的珍稀程度堪比大熊猫，已经到了要进行物种“抢救”的危险时刻。

我第一次看到江豚，是在中国科学院水生生物研究所的白鱀豚馆。人类饲养的最后一只白鱀豚“淇淇”就是在这里去世的。它在这里生活了 22 年。科学家们通过对它的研究，推翻了之前认为淡水豚类不能表达感情的观点。淇淇死后，这里就成了江豚的研究场馆。江豚是一种比较亲近人类的豚类。而白鱀豚馆里的江豚更是非常乐于与人类互动。当我在水池边和水生所的研究人员交流时，没有注意到已经游到水池边并对我们这些陌生人的出现表现出好奇的江豚，而它喷了我

白鱀豚馆里的江豚看到陌生人的到来非常好奇

一身水，让我不得不注意到它，然后就离我而去。

就是在这里，我们得以近距离地观察江豚，和它们有了愉快的互动；也是在这里，我下定决心要把江豚纳入我们的拍摄计划。也许真的是缘分，当我离开白鱀豚馆，去位于监利的何王庙实地调研时，那里的江豚又给了我们一个惊喜。

湖北监利何王庙江豚省级自然保护区是一个新建立不久的长江江豚迁地保护区。因为水质等各方面条件不错，我们来这里调研拍摄江豚野外状态的可行性。陪同我们的是世界自然基金会的张新桥博士，他也是一名专注江豚保护的专家。就在我极目远望，希望在宽阔的水面上发现江豚的踪影时，突然听到张博士兴奋的说话声。原来他凭借丰富的经验和过人的眼力，发现在一个江豚的小群体中有一只刚出生不久的小江豚。这对于刚开展迁地保护不久的何王庙来说无疑是一个特大的好消息。后面因为这次发现，保护区的工作人员对这一江豚群体进行了持续的观察，并且拍摄到了小江豚的照片，确定了何王庙的江豚已开始繁育下一代。相关的消息随后见诸媒体。

江豚属小型鲸类，是鼠海豚科江豚属中唯一的淡水亚种，约五岁达到性成熟，妊娠时间超过 12 个月，主要繁殖季节是 5～9 月。2015 分两批迁入何王庙的 8 头江豚，当时科学家对它们最乐观的估计就是 2016 年将出生 1 头小江豚。没想到真让我们碰到了。张博士当时直夸我是福星，我也就愉快地笑纳了。

后来经过各种条件的对比，我们最终选择了天鹅洲作为我们的拍摄地点，在这里我们不仅拍摄到了野外环境下的江豚，也有了我们的江豚主角——“鹅鹅”母子。

也是在天鹅洲，我们遇到了曾经是打渔队队长、现在是江豚饲养员的丁泽良。我们在拍摄期间还碰巧赶上了他生日，蹭了一顿湖北特色的寿宴。这也是他唯一没有在保护区内吃晚饭的一天，平时他就住在保护区，24 小时陪护“鹅鹅”母子。虽然他的家就在保护区外步行可达之处。

在天鹅洲的天鹅岛上，我们还遇到了从没有外出打工过、一直在家种田的何修平。他看上去有着与年龄不相符的羞涩，为了能更好地照顾孩子和家庭，他选择了陪伴。这在他们村子里是非常少见的。在家务农的他还干了一件村子里没人干过的事情——种有机农田。他们这一代农民从开始种田就使用化肥，当他重新学习使用有机肥料种田时，村里的老人都说“你怎么种田又种回去了”。但是这次不是简单地回归传统种植。土地的恢复和改造需要大量时间和资金的投入，这不是一个普通的农民能够承担得起的。这个有机农田项目是世界自然基金会在当地做的示范项目，何修平通过农业合作社成为这个项目的具体执行者，从观察者成为一个积极的参与者。同时他也成为一个被观察者，因为村民们都在看着他以及他种的这些有机田。什么时候何修平把自家的自留地也改成有机农田，其他观望的村民们就会跟着做了。我们在正在进行有机改造的农田里看到成群觅食的鸟类，在翻过的土壤中看到了越来越多的蚯蚓；即便遇上了洪涝、干旱等灾害，荞麦的质量依然可靠；再加上有机农产品可观的市场价格，有机农田的全面推广似乎已经离得不远了。如果整个天鹅岛上的农田都进行有机改造并实现灌溉用水自循环，对于生活在天鹅洲长江故道里的江豚和洲滩上的麋鹿来说，这就意味着它们将拥有一个更加洁净的栖息地。

天鹅洲的故事让我们看到，丰水期和枯水期的交替是长江的自然规律，是大自然力量的体现。在这些力量造就的趋势中，我们顺势而为，就能锦上添花，而逆势改造，必将吞下苦果。在天鹅洲，我们也看到，在有限的土地上，如何平衡人与其他物种的生存空间，更多考验的是人的智慧和认知。我们看到为了改善保护区生态环境而搬迁的渔民，但是放弃捕鱼这个傍身之技后如何生存是他们搬迁之后需要解决的更大的问题。我们也看到了老一代的大学生放弃了城市的生活，在这个偏僻的乡野扎根，当保护区日渐完善，麋鹿种群越来越大，他们也年华逝去，到了退休的年龄。拥有更高学历和专业学术背景的年轻一代的加入，让我们对保护区有了更高的期待。物种的保护最后其实都是栖息地的保护，长江里的江豚越来越少，让迁地保护成为不得已的选择，但是所有保护工作的目标都是为了让它们重回长江。尽管白鱀豚已经被宣布功能性灭绝，却依然有在长江发现其踪影的消息零星传来，但是每次科考和种群调查都没有发现白鱀豚的身影。江豚的数量也仍然堪忧，虽然在某些江段它的数量有所回升，但是这并不能作为江豚总体数量增加的有效证据。

中国最独特的湿地生物群落——红树林

长江上船来船往，一片繁忙……

在中国，不同形态的水塑造了不同形态的湿地，而这些湿地孕育的物种，即便是放在整个世界来进行比较，也是非常独特和丰富的。长江的洪水塑造了中国面积最大的人工和自然复合的湿地。这里不仅有历史悠久的人类利用湿地创造的稻作文明，也是很多大型珍稀动物的原生地。中国的喀斯特地貌分布广、面积大，是世界上最大的喀斯特区之一。在深不可测的溶洞中有着非常独特的生态环境，这也让很多物种走上了一条完全不同的演化之路。中国有着 1.8 万千米的海岸线，在它的南部，有着太平洋西岸最典型的红树林。红树林是至今世界上物种最为多样化的生态系统之一。在高原，来草海越冬的鸟类越来越多，吸引它们的不仅是草海丰富的食物，还有周围农田里的食物。在其他湿地都面临面积缩小的问题时，在世界屋脊的青海湖，雪山融水导致的湖泊面积增加却让很多生活在这里的物种难以适应。这些独特之处都是我们把它们纳入拍摄调研计划并成为片中内容的理由。其实它们的丰富多彩远远超过我们最终呈现的样子。毕竟，一个好的画面、一个完整的故事，有的时候真是可遇而不可求。但幸运的是，它们都不在人迹罕至之处，很多就在我们可以说走就走的范畴之内，只要我们愿意去，就能发现比片中内容更令人惊喜的场景。因为身在其中，你一定会有自己独特的体会和感受。

后记

从纪录片《家园——生态多样性的中国》开拍，到此书交稿，中间贯穿了近三年。感谢促成此书出版的崔士明先生。

此书以纪录片《家园——生态多样性的中国》五集解说词为缘起，我虽动笔完成了五集解说词的撰写，但现场导演王冠明与陈旭也为其中的部分内容提供了基础信息。解说词是画面的补充，这五集解说词是建立在我们整个创作团队近两年拍摄的基础上的。可以说，这里凝结了整个团队的智慧和辛劳。书中呈现的解说词是未删减的版本，所以比目前观众看到的纪录片内容更加丰富。为了成书，我又写了创作这部纪录片的一点体会，也算是凑字。我们还有幸邀请到三位因为拍摄这部纪录片而结识的长期从事野外观察的朋友为本书添彩。他们是专注华北豹保护的宋大昭、超专业的拍鸟人雨后青山以及资深自然博物探索爱好者高翔。长期的野外观察让他们看到了一个令普通人感到陌生的世界。他们观察到的物种故事都非常好，但很遗憾我们这次没有办法用镜头记录下来呈现给观众，所以，我希望读者可以通过文字看到这些有趣的物种故事。

感谢韩思闲对书稿内容的整理和图片的选取。本书解说词和散记的配图都截取自纪录片《家园——生态多样性的中国》的拍摄素材。这些图片凝聚了各个摄制小组的心血，在此一并表示感谢。

刘娜

2018 年 1 月于望京